甘肃省春油菜

灾害识别及预防

王浩瀚　李继强　著

U0260175

中国农业科学技术出版社

图书在版编目（CIP）数据

甘肃省春油菜灾害识别及预防 / 王浩瀚，李继强著. —北京：中国农业科学技术出版社，2016.8

ISBN 978-7-5116-2745-2

Ⅰ. ①甘… Ⅱ. ①王… ②李… Ⅲ. ①油菜–病虫害防治–甘肃 Ⅳ. ①S435.654

中国版本图书馆CIP数据核字（2016）第219241号

责任编辑　徐定娜

责任校对　贾海霞

出 版 者　中国农业科学技术出版社

　　　　　北京市中关村南大街 12 号　邮编：100081

电　　话　（010）82105169（编辑部）

　　　　　（010）82109702（发行部）

　　　　　（010）82109709（读者服务部）

传　　真　（010）82106626

网　　址　http:// www. castp. cn

经 销 商　各地新华书店

印 刷 者　北京富泰印刷有限责任公司

开　　本　880 mm×1 230 mm　1/32

印　　张　4.375

字　　数　126千字

版　　次　2016 年 8 月第 1 版　2016 年 8 月第 1 次印刷

定　　价　28.00 元

　　油菜（*Brassica napus L.*）又名芸薹，属十字花科、芸薹属，是我国主要油料作物之一，其菜籽油消费比例占国产食用植物油的 **57%** 以上。然而，甘肃省作为北方春油菜主要产区之一，其年际间油菜的产量水平与品质受自然灾害影响较大，在一定程度上影响了农民种植油菜的积极性，致使油菜种植面积下滑。因此，依靠科技进步，促进油菜产业发展，对甘肃省食用植物油供给安全和人们营养健康具有十分重要的现实意义。

　　在全球气候多变的今天，极端天气日趋频繁，"今后如何种地，明天谁来种田"成为一个严峻的问题。

　　在甘肃省油菜产业发展的关键时期，国家油菜产业技术体系张掖综合试验站组织人员编写了《甘肃省春油菜灾害识别及预防》一书。该书汇聚了近年来尤其是 2007 年国家油菜产业技术体系建立以来，甘肃省春油菜区影响油菜水量水平和品质的部分灾害因子。该书稿由王浩瀚统筹规划，李继强负责全书的编写及主审工作。

　　本书主要介绍了甘肃省春油菜主要病害、缺素症、虫害、自然灾害、草害与油菜新品种。适于从事教学、科研和农业技术推广人员以及从事油菜生产人员参考。

　　由于编写人员水平有限，书中尚有不足之处，敬请读者批评指正。

作者
2016 年 6 月

第一章
油菜主要病害

1. 油菜菌核病

菌核病在所有油菜产区均有发生，是油菜的主要病害之一。该病在我国北方春油菜区由于受气温和适度的影响，病发率较低，危害较轻。该病发作后，对油菜造成严重的损失，一般发病率在 10%～80% 时，其产量损失在 5%～30%。油菜菌核病病原菌寄主范围广，在春油菜区一般寄主在蚕豆、大麦、向日葵等多种主要农作物上。

识别特征

油菜菌核病在苗期发生后，一般情况下接近地面的根颈和叶柄，出现红褐色斑点，随着病变的持续发作最后变为白色，并伴有白色的菌丝出现，发病严重时可致使植株死亡。在油菜抽薹后叶、茎、花、果均可感病，严重时种子也可带病。菌核病侵染油菜叶片后，在其叶片上出现暗青色水渍斑状物，该斑状物呈灰褐色或黄褐色，并扩散形成圆形或不规则形大斑。在湿润的环境中，菌核病在油菜叶片上的扩散速度较快，严重时会使整个叶片腐烂；在干燥少雨的环境中，菌核病在油菜叶片上容易出现穿孔破裂。菌核病在侵染油菜茎秆后，感病处开始出现水渍状、浅褐色绕茎大斑，病原中心出现白色同心轮纹，且有明显凹陷症状出现。该病严重发生时，就会出现我们通常所说的"霉秆"或"白秆"，在田间主要体现在油菜茎秆上长满絮状菌丝，使病株较正常株提前枯熟或干枯而死，同时病原处易折断破裂，剥开病原处白色茎秆，会出现大小不等的鼠类粪状菌核物。

感染初期

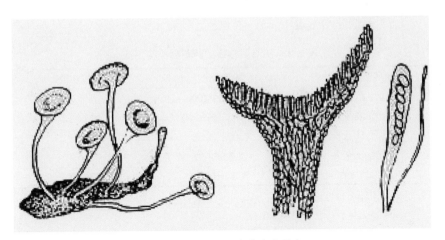

油菜菌核病茎剖面（内有菌核）

发生规律

油菜菌核病在北方春油菜区一般出现在 7—8 月，该段时间正值春油菜区油菜盛花期，有利于菌核病孢子侵染，同时也是油菜受害的主要时期，如果在这段期间又遇多雨、潮湿、温暖的天气，油菜菌核病就将发生严重。

防治方法

（1）选用高抗油菜菌核病品种，北方春油菜区可选用"中油 510"（2010 年甘肃省农业科学院植物保护研究所鉴定低感菌核病）。

（2）减少初浸染源。主要采取水旱轮作倒茬，一般倒茬年限应保证在 2 年以上；同时在选种时，尽量选择对菌核病具有一定抗性的优良新品种，在条件允许的情况下，进行种前种子杀菌消毒处理。

（3）改善油菜田间生长环境。通常采用重施基肥、早追苗肥，施足钾肥和磷肥方法，防止贪青倒伏。适时播种，适当迟播。

（4）北方春油菜区创新栽培模式，以全膜覆盖穴播技术栽培，可减少地下菌核孢子在地上部分的流动。

（5）药剂防治（表 1-1）。

表 1-1　防治菌核病的药剂种类与用法

药剂名称	稀释比例	喷施次数
40% 菌核净	800～1 400	1～2
50% 多菌灵	400～600	2～3
70% 甲基托布津	400～1 200	2～3
50% 速克灵	1 800	2～3
50% 氯硝胺	80～180	2～3

注：当花期油菜叶片发病株10%以上，茎秆1%以上时开始喷药，每隔7～10天喷施一次。

（6）生物防治。通常直接将盾壳霉、木霉等生防制剂施入田间，防治效果较好。

2. 油菜病毒病

又称花叶病，在我国主要油菜产区均有发生，该病严重发生时可使油菜减产 20%～30%。

识别特征

花叶病在不同油菜类型上表现差异较大。甘蓝型油菜苗期症状有：叶片染病后，极易出现黄斑和枯斑，导致叶脉坏死或叶片皱缩等病症出现，该病并发症状优先在老叶表现。甘蓝型油菜叶片被花叶病毒侵染后，会出现橙黄色或淡黄色的病斑，且病键叶片分界明显。叶片上呈现出中心有一黑点并凹陷的油渍状灰黑色小斑点。该病侵染甘蓝型油菜茎秆后会出现条状斑点，茎秆感染花叶病初期形成黑褐色的梭形斑，该斑随后发展为长条形枯斑，连片后可导致整个油菜植株枯死。病斑在后期会出现裂变现象，裂口处出现白色分泌物。白菜型油菜与芥菜型油菜感染花叶病后，苗期叶片出现花叶和皱缩，生育后期油菜植株发育缓慢，出现矮化，且茎和果轴较正常植株的短缩。

发生规律

油菜病毒病主要依靠蚜虫等传播，其寄主范围广泛。主要有十字花科蔬菜、自生油菜和杂草等。油菜从出苗后至蕾薹期均可感染此病。冬季的时候，病毒将潜入植株体内，进行越冬；进入春季，在适宜温度和湿度条件下开始发病显症。北方春油菜区由于受生态条件的影响，在白天温度在 15～20℃时，产区干旱少雨且偶尔伴有大风，极有利于蚜虫的大量迁飞，从而使健康植株染病。

防治方法

（1）预防为主。主要在苗期预防其植株感病。

（2）选用具有抗病毒病的油菜新杂交品种。

（3）选用早熟抗病优质杂交品种。

（4）治驱结合，综合防治。在播种前对土壤进行处理，同时对种子进行包衣，可有效预防寄主在自生油菜、周边其他十字花科植物上的蚜虫。在条件允许的情况下，在种植区内分别挂放黄板，对其蚜虫进行诱杀。具体防治措施可参考蚜虫部分，因地而治。

3. 油菜霜霉病

该病属于油菜生产区普遍性病害，年际间变化较大，一般年份发病率在 10%～50%，可使油菜单株损失产量 10%～50%；严重时发病率可达到 100%。

识别特征

油菜霜霉病可对油菜全生育期造成危害，其主要危害油菜地上部分各类器官。油菜叶片被霜霉病病毒侵入后，起初叶片出现淡黄色病斑，随后扩大为黄褐色大斑，且该病斑由于受叶脉的限制表现为不规则病斑，同时在感病叶片的背面伴有霜状霉层。油菜茎秆、分枝等主要器官感染霜霉病后，起初感染部位开始退绿，随后变为黄褐色不规则性状斑块，并着附霜霉病毒。油菜花梗被霜霉病毒侵染后，会使花梗肥肿，出现畸形，同时花器变绿，呈"龙头"状，且表面光滑，同样伴有霜状霉层。油菜严重感染霜霉病后，会使叶片枯落或病株体死亡。

发生规律

油菜霜霉菌是霜霉病的病原物，该病原物的侵染源主要来自带病残株体、种子和土壤等，在寄主上进行越冬、越夏，适时产生卵孢子，其孢子囊通过风雨和气流进行传播，落在健壮的有效植株上使其再浸染。

防治方法

（1）选用抗病优质杂交品种。研究表明，在3类油菜中，甘蓝型油菜较其他类型油菜对霜霉病毒具有较好的抗性。当然，同一类型油菜品种间对霜霉病毒的抗性也存在一定的差异。

（2）选择健康植株种子留用，或在播种前对所购种子进行杀菌消毒处理。1千克种子与10毫升适乐时和8克锐胜加入少许水拌种，可起到壮苗，有效防治霜霉病毒的侵染。

（3）加强田间栽培措施，尽可能地实现轮作倒茬。与禾本科作物轮作1～2年，施足基肥，增施磷钾肥，适当晚播，摘除黄病叶等。

（4）药剂防治（表1-2）。

表1-2　防治病毒病的药剂种类与用法

药剂名称	稀释比例	喷施次数
25%瑞毒霉	500～700	2～3
80%乙磷铝	500	2～3
50%托布津	800～1 200	2～3
50%退菌特	1 000	2～3
65%代森锌	500	2～3

注：在叶片感病率达10%以上时每隔7天喷施1次。

4. 油菜根肿病

油菜根肿病作为真菌病害，今年在我国主要油菜产区均有发生，该病不仅对油菜造成危害，同时还危害白菜、萝卜、甘蓝等十字花科类植物。

识别特征

根肿病顾名思义主要危害油菜根部，油菜苗期感染此病后会使幼苗枯死；成株期油菜感染根肿病后，生长缓慢，植株矮小，严重时甚至会出现油菜缺水症状，基部叶片在晴天时表现出萎蔫；后期染病后，叶片发黄，植株枯萎或死亡。

油菜根肿病的孢子囊休眠在寄主细胞里，呈现出卵形或球形，细胞无色、细胞壁较薄、单细胞，细胞萌发时可产生游动的孢子。游动孢子呈球形或洋梨形，且前端拥有两根长短不等的鞭毛，该孢子可在水中自由游动。根肿病孢子囊从油菜的根毛侵入寄主细胞内，在寄主油菜体内经过一系列演变和扩展，从油菜根部皮层进入形成层，从而刺激寄主薄壁细胞分裂，使其根部膨大呈肿瘤状。最后病菌又在寄主细胞内形成大量休眠孢子囊，感病根部肿瘤坏死烂掉后，休眠孢子囊转入土壤中进行越冬，从而下一年继续危害寄主植物。

发生规律

油菜根肿病的发作与其田间持水量有很大的关系。田间持水量在50%～98%时，该区域内油菜极易感染根肿病；当田间持水量在45%以下时，根肿病病原菌生存环境破坏致其易死亡，从而降低了该病对油菜的危害。土壤酸碱度对油菜根肿病有一定的影响，通过研究表明，酸性土质有利于根肿病孢子囊的存活，所以在灌溉时，应最大限度地避免使用工业废水灌溉。

防治方法

（1）从种抓起，预防为主。执法部门应加强对种子生产时的检疫检验，从源头上控制带病种子的流入；一旦发现种子带病，应选择换种或对种子进行包衣等杀菌灭毒处理，方可播种。

（2）连年轮作倒茬，减少土壤中病原基数。

（3）条件允许的情况下，可以考虑在种植区附近建一个粉煤灰复合肥厂，从根本上改造区域内土壤酸碱度，同时提高作物抗病防病能力，可有效缓解根肿病的发作。

（4）当田间少量出现根肿病植株后，可及时拔除病株，并在病穴里撒上生石灰进行土壤消毒；严重时可用药防治（表1-3）。

表 1-3 防治根肿病的药剂种类与用法

药剂名称	稀释比例	用法
50% 多菌灵可湿性粉剂	500	灌根，每株 250 毫升
40% 五氯硝基苯粉剂	500	灌根，每株 400～500 毫升

5. 油菜软腐病

属细菌性病害。在我国各油菜产区均有发生，芥菜型、白菜型油菜上发生较重。

识别特征

甘蓝型油菜在感染软腐病后，茎秆基部或靠近地表的茎部会出现水渍斑状物，该斑在逐渐扩展的时候呈凹陷状，且表皮微皱缩，在后期染病茎秆皮层易龟裂或剥开，内部软腐组织变空，植株萎蔫。严重的病株倒伏干枯而死。

发生规律

油菜软腐病病菌主要寄主在病株体内和残体中。潮湿的堆肥和有机质不仅是软腐病病原菌生存的最佳环境，同时也是重要的侵染源。软腐病病原菌可以依托雨水、田间灌溉用水和昆虫等载体进行传播。黄曲条跳甲、菜粉蝶、菜蟏等昆虫是油菜软腐病传播的主要害虫。同时高温高湿的生产环境也有利于该病的发生。

防治方法

（1）选用抗病品种。芥菜型和白菜型油菜易感病，可选用对该病均有抗性的甘蓝型油菜。

（2）加强田间管理。深耕晒土，降低田间湿度；适时播种；施用缓控释有机肥。

（3）药剂防治（表1-4）。

表1-4　防治软腐病的药剂种类与用法

药剂名称	稀释比例	喷施次数
72%农用硫酸链霉素可溶性粉剂	3 000～4 000	2～3
47%加瑞农可湿性粉剂	900	2～3
30%绿得保悬浮剂	500	2～3
14%络氨铜水剂	350	2～3

注：每隔7～10天1次，油菜对铜制剂敏感，要严格控制用药量，以防药害。

6. 油菜白粉病

在我国油菜产区均有发生，导致角果荚变形，籽粒瘦瘪，严重影响其产量。

识别特征

闭囊壳聚生至散生，扁球形，暗褐色，直径 88～125 微米，具 7～39 根附属丝，附属丝一般不分枝，个别不规则地分枝 1 次，常呈曲折状，长 70～256 微米，长度为闭囊壳的 1～2 倍，壳内含 5～7 个子囊。

子囊卵形至扁卵形，大小（55.9～76.2）微米 ×（33.0～40.6）微米，内含子囊孢子 4～6 个微米。子囊孢子卵形至矩圆卵形，黄色，有的具油滴，大小（16.4～23.8）微米 ×（12.2～15.4）微米。分生孢子柱形，大小（27.9～43.2）微米 ×（12.7～17.8）微米。

发生规律

油菜白粉病病原体在冬季，主要以闭囊壳在植株病残体上越冬，在开春后环境条件适宜时发作，从闭囊壳中释放出众多的子囊孢子，从而成为初侵染源，这些子囊孢子以风雨作为传播载体向四周扩散，子囊孢子落在健壮植株提上后感病，感病部位随之产生分生孢子，分生孢子再次落到感病部位，从而对感病部位进行了多次重复侵染，致使该病害流行。

防治方法

（1）加强田间栽培管理措施，适当增施磷钾肥，增强寄主抗病力。

（2）药剂防治（表1-5）。

表1-5 防治白粉病的药剂种类与用法

药剂名称	稀释比例	喷施次数
15%粉锈宁可湿性粉剂	1 500	2～3
丰米	500～700	2～3
50%多菌灵	500	2～3
多硫悬浮剂	300～400	2～3
50%硫磺粉剂	150～300	2～3
2%武夷菌素水剂	180～200	2～3
40%多硫悬浮剂	600	2～3
15%三唑酮可湿性粉剂	1 400～1 800	2～3
43%戊唑酸	5000	2～3

注：每隔7～10天1次。

7. 油菜白锈病

油菜白锈病，又名龙头病、龙头拐。是油菜在种植时期容易发生的真菌性病害。叶片染病在其表面上呈现出浅绿色小点，随着病原的扩展后渐变黄呈圆形病斑，同时在叶片背面伴有白色漆状疱状物。危害的真菌白锈菌，属于鞭毛菌亚门。该种病害可以通过喷洒农药等方式防治。

识别特征

苗期。在叶片正面散生出浅绿色的小点，后由绿渐变为黄呈圆形病斑，叶片背面的病斑处长出隆起具有光泽的白色"泡斑"，"泡斑"破裂后，散出白色粉末状物，周围并伴有黄色晕圈。叶上病斑零星分散，严重时密布全叶，从而致使叶片枯黄脱落。

花梗与茎。出现圆形或短条状的白色"泡斑"，且多呈长条形或短条状。大面积侵染时，顶端常肿大弯曲成"龙头状"，但该病症不同于油菜霜霉病。

花器。油菜花瓣在受到白锈病危害后膨大、肥厚变绿呈叶状，长期不凋落，花器畸形，子房也肿大变绿，不能结实，同样在角果上也长出白色的"泡斑"。

发生规律

病原为白锈菌，属鞭毛菌亚门真菌。白锈菌产生孢子囊的适宜温度为8～10℃，最佳萌发温度为7～13℃，低于0℃或高于25℃一般不萌发，湿度要求95%～100%。潜育期约12天，一般19～22天。从病斑显现到散出孢子囊约5天。气温10℃时孢子囊需经7天破裂，

18～20℃时只需 5 天。如果生产上气温在 18～20℃，且连续 2～3 天降雨，会使孢子囊破裂迅速达到高峰。病菌以卵孢子在病残体中或混在种子中越夏、越冬，据试验，每克油菜种子中有卵孢子 6～41 个，多者高达 1 500 个，当油菜种子中混入白锈菌卵孢子后，播种后田间发病率明显大幅度提高，同时引起田间系统的大面积侵染。

防治方法

（1）选用抗白锈病的油菜杂交种。

（2）轮作倒茬。可与大麦、小麦等禾本科作物进行 2 年以上的轮作倒茬，可有效降低土壤中卵孢子数量，从而减少菌源。

（3）种子包衣。可选用 1 千克种子 10 毫升适乐时拌种。

（4）适时播种，加强田间管理。根据土壤肥力水平和品种特性，确定播种品种区域最佳种植密度，在保证优质高产的前提下，尽可能地提高田间通风透气性。利用田间测土配方施肥技术，合理施用不同含量的油菜缓控释型专用肥。

（5）化学防治（表 1-6）。

表 1-6　防治白锈病的药剂种类与用法

药剂名称	稀释比例	喷施次数
40% 霜疫灵可湿性粉剂	150～200	2～3
75% 百菌清可湿性粉剂	500	2～3
72.2% 普力克水剂	600～800	2～3
64% 杀毒矾可湿性粉剂	500	2～3
36% 露克星悬浮剂	600～700	2～3
58% 甲霜灵·锰锌可湿性粉剂	500	2～3
70% 乙膦·锰锌可湿性粉剂	500	2～3
40% 百菌清悬乳剂（顺天星 1 号）	600	2～3
65% 甲霉灵可湿性粉剂	1 000	2～3
50% 多霉灵可湿性粉剂	800～900	2～3

注：每亩（1 亩≈666.7 平方米，1 公顷 =15 亩，全书同）喷对好的药液 60～70 升，隔 7～10 天 1 次。

8. 油菜枯萎病

油菜枯萎病又叫油菜脚腐病。在我国油菜产业均有发生，但危害不重。除油菜外，其他十字花科作物也较易侵受感染。

识别特征

在幼苗茎基部出现褐色病斑。潮湿时，出现橙红色孢子层。根部病部常见到白色绒毛状菌丝。油菜枯萎病是由镰刀菌引起的真菌病害。大型分生孢子纺锤形或镰刀形，一般具 3 个分隔，厚垣孢子单胞或双胞。病菌生存于土壤中，侵入细胞后，使少数维管束受害。

发生规律

病原菌为镰刀菌。当温度在 7～35℃时，可发生，但最佳发病温度为 25～27℃。病原菌在土壤和病株残体上越冬或越夏，其从植株根部侵入，进入根冠细胞间隙或者表皮组织，随后进入分生组织细胞，从而进入木质部，通过木质部进入茎叶，对植株造成危害。

防治方法

（1）无病株留种或栽植抗病品种，病田种子可用 0.5% 硫酸铜液浸种半小时。

（2）与禾本科作物轮作，尤其是水旱轮作。及时间苗、中耕除草，使植株生长健壮，增强其自身抗病力。

9. 油菜白斑病

该病属于真菌性病害，在我国油菜产区均有发生。同时还为害十字花科的许多其他种，如甘蓝、菜薹、花椰菜、萝卜、芥菜、芜菁、小青菜等，是一种分布广、寄主多的病害。主要为害寄主叶片，在叶上产生斑点，减少叶片有效光合面积，致使光合作用效率低下，从而致使作物减产。

识别特征

油菜感染白斑病后，在叶片表面出现灰褐色或黄白色的圆形小斑，随后扩展为直径 0.3～1.0 厘米的圆形或近圆形大斑，且斑点边缘呈绿色，中间呈灰白色至黄白色，感病部位稍凹陷、变薄，易破裂。湿度大时，病斑背面产生浅灰色霉状物。感病较为严重时，病斑融合，致叶片枯死。

 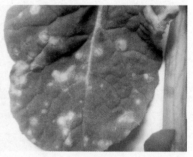

发生规律

它主要以分生孢子梗基部的菌丝或菌丝块附着在病叶上或以分生孢子黏附在种子上越冬。第二年产生孢子借风扩散或雨水飞溅传播到叶片上，孢子萌发后从气孔侵入油菜叶片，随之形成初侵染源病斑，从而产生分生孢子，借风雨传播进行再侵染。此病 5～28℃均可发病，最佳发病温度为 11～23℃。旬均温 23℃，相对湿度高于 62%，降雨 16 毫米以上，雨后 12～16 天开始发病，此为初侵染，病情不重。生育后期，旬均温 11～20℃，旬相对湿度 60% 以上，经过再侵染，病害扩展，连续降雨，就可促进病害流行。白斑病流行的气温偏低，属低温型病害。以多雨的秋季发病重。此外，播种早、连作年限长、缺少氮肥或基肥不足，植株长势弱的地区发病较为严重。

防治方法

（1）选用抗病新杂交品种。

（2）选用无病株留种或用 50℃热水温汤浸种 20 分钟，或用 75% 百菌清或 75% 福美双可湿性粉剂拌种进行种子处理。

（3）与非十字花科作物轮作 3 年以上，注意平整土地，减少田间积水，适期播种，增施基肥，中熟品种以适期早播为宜。

（4）适期播种，增施基肥，中熟品种以适期早播为宜。

（5）药剂防治（表 1-7）。

表 1-7　防治白斑病的药剂种类与用法

药剂名称	稀释比例	喷施次数
50% 苯菌灵可湿性粉剂	1 500	2～3
25% 多菌灵可湿性粉剂	400～500	2～3
40% 多·硫悬浮剂	800	2～3
50% 甲基硫菌灵可湿性粉剂	500	2～3
50% 混杀硫悬浮剂	600	2～3
65% 甲霉威可湿性粉剂	1 000	2～3
50% 多·霉威（多菌灵加万霉灵）可湿性粉剂	1 000	2～3

注：每亩喷对好的药液 50～60 升，隔 15 天 1 次。

10. 油菜黑胫病

又名根朽病。该病在我国油菜产区均有不同程度的发生，严重危害时会致使产量损失率在 20%～60%，同时还危害其他十字花科作物。

识别特征

在油菜植株感染黑胫病后，可在叶片及幼茎上形成圆形或椭圆形病斑，染病初期呈褐色，随着病原的扩展后变为灰白色，并在其上散生出许多小黑点，严重时可使整个植株快速死亡。植株发生轻微感病时，病斑沿受害茎秆基部上下蔓延，在茎秆上呈长条状紫黑色病斑；

危害严重时感病部位皮层腐朽，且伴有木质部露出，在后期产生众多小黑点。油菜成株期感染黑胫病后，叶片发黄枯萎，同时在老叶和成熟叶片上形成不规则病斑，呈灰褐色，并伴有众多小黑点产生。在植株感病较为严重时，通常我们可以将其病株拔除，在其根部可明显发现须根处朽坏；在茎秆部和根部皮层处，感染较为严重时，可露出黑色的腐朽木质部；感病较轻时出现稍凹陷的灰褐色病斑，在感病部位表面伴有小黑点产生。

发生规律

油菜黑胫病病菌主要

通过菌丝体寄主于种子、土壤或粪肥中的病残体上，或在田间地埂杂草上越冬，越冬后在适宜的环境条件下，产生分生孢子，而这些分生孢子可通过风、雨水与昆虫等作为传播媒体进行传播，通过油菜植株的气孔与伤口等途径侵入使其感染。如果种子自身携带黑胫病病原菌，那么油菜幼苗子叶和幼茎就会受到黑胫病病原菌的感染。在其发病后，感病部位可以产生新的分生孢子并迅速传播蔓延使其受到二次侵染。该病的有利生存环境为高温高湿环境，温度在 24～25℃时，具有 5～6 天的潜伏期。此外，田间管理粗放、苗期光照不足，播种密度大、生长环境湿度大等因素均有利于油菜黑胫病的发生，在生产中应引起重视。

防治方法

（1）种子包衣或消毒。采用无病种子，条件允许时可对种子进行播前包衣拌种处理。

（2）加强田间管理措施。在黑胫病严重爆发区应进行轮作倒茬，倒茬时最好选择与大麦、马铃薯等非十字花科作物进行。也可采用全膜覆盖精量点播栽培技术，施足农家肥，早追蕾肥，减少因除草间苗等引起的伤根。同时，在田间一旦发现有个别植株感染该病，应及时将其拔除、清理至非耕作区，秋收后及时对病区进行深翻。

（3）药剂防治（表1-8）。

表1-8　防治黑胫病的药剂种类与用法

药剂名称	稀释比例	喷施次数
75% 百菌清可湿性粉剂	600	2～3
60% 多福可湿性粉剂	600	2～3
40% 多硫悬浮剂	500	2～3
50% 代森铵水剂	800～1 000	2～3
70% 甲基托布津可湿性粉剂	800～1 000	2～3
80% 新万生可湿性粉剂	500	2～3

注：每隔 7～10 天喷施 1 次。

11. 油菜炭疽病

该病在我国油菜产区均有发生，局部地区不仅发生而且还有加重之势。除危害油菜外，还可对白菜、萝卜和芥菜等十字花科作物产生为害。油菜地上部分均可发病，以白菜型油菜苗期侵染较多。

识别特征

油菜炭疽病主要为害其地上部分。油菜感病后叶片出现病斑小而圆，初为苍白色，水渍状，随之中心呈白色或草黄色，稍凹陷。边缘紫褐色。直径1～2毫米。叶柄和茎上斑点呈长椭圆形或纺锤形，淡褐色至灰褐色。角果上的病斑与叶上相似。在湿度较大的情况下，病斑上产生淡红色黏状物。严重危害时叶片病斑相互联合后，形成不规则形的大斑块，导致叶片变黄而枯死。

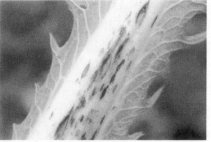

发生规律

油菜炭疽病作为一种真菌性病害，通过菌丝着附在病残植株体上，以遗落在土壤中或附在种子表皮上越冬。开春后，在外界环境适应时，分生孢子开始长出芽管对油菜进行侵染危害，在传播时一般借助风或雨水。该病的潜育期一般为3～5天，染病部位产生大量的分生孢子对其进行再侵染。

该病属于高温高湿型病害，年际间发作因温度的高低而存在发生期差异。

防治方法

（1）加强田间管理，合理施肥，增施磷钾肥，收获后及时清理田间秸秆和杂草残体，深翻土地，加速未捡拾干净的病残体腐烂。

（2）轮作倒茬，减少病原菌在田间的存活量。

（3）药剂防治（表 1-9）。

表 1-9　防治炭疽病的药剂种类与用法

药剂名称	稀释比例	喷施次数
40% 多·硫悬浮剂	700～800	2～3
70% 甲基硫菌灵可湿性粉剂	500～600	2～3
70% 甲基硫菌灵可湿性粉剂 +75% 百菌清可湿性粉剂	1 000	2～3
25% 炭特灵可湿性粉剂	500	2～3
30% 绿叶丹可湿性粉剂	600	2～3
80% 炭疽福美可湿性粉剂	800	

注：每隔 7～10 天 1 次。

12. 油菜猝倒病

该病在我国各油菜产区均有发生，以南方雨水丰富区为发生重灾区，常引起缺苗断行。

识别特征

油菜幼苗受到病原菌的侵染后，其幼茎靠近地面处出现水渍斑状，随着危害程度的加深，感病处最后出现黄色并伴有腐烂直至干缩折断死亡。而油菜根部感病后，其根部出现褐色斑点，严重时植株表现为萎蔫，甚至从地表处折断；如果在潮湿的环境中，感染油菜猝倒病的感病部位出现白霉或土壤表面产生白色棉絮状物，这就是病菌菌丝、孢囊梗和孢子囊。在发病较轻的区域内，感病油菜幼苗可长出新的支根和须根，但植株会出现生长发育不良现象。

油菜猝倒病症状

发生规律

病菌以卵孢子在土壤中越冬而长期存活。在春季土壤解冻后，卵孢子在适宜的环境条件下萌发产生孢子囊，且以游动孢子或直接长出芽管的形式侵入新的寄主。同时，掉落在土壤中的菌丝在适宜环境中也可产生孢子囊而危害幼苗，使其染病猝倒。孢子囊及游动孢子可通过田间灌溉水或雨水使其溅附在其他根茎上，形成该病的再侵染，从而造成严重的危害。植株受到病原菌的侵入后，病原在皮层薄壁细胞中扩展，菌丝蔓延于细胞间或细胞内，后在病组织内形成卵孢子越冬。研究表明，油菜猝倒病病原菌的最佳适宜温度为 15～16℃，而最佳发病低温为 10℃，当温度高于 30℃时，其发作受到抑制；低温对病原菌在寄主上的生长不利，但病原菌尚能活动，尤其是苗期出现低温、高湿条件，利于发病。油菜出苗后，在幼苗子叶营养很快会被消耗完而新根还未扎实，此时真叶未抽出，不能形成有效的碳水化合物，使其幼苗抗病能力减弱，若遇到倒春寒或雨雪天气，幼苗呼吸作用增强，因低温低下、光合作用减弱，这是幼苗能量消耗加大，致使幼茎细胞伸长，细胞壁变薄，这就有利于病原菌乘虚而入，从而对幼茎造成危害。

防治方法

（1）选用耐低温、抗寒性强的品种，与非十字花科作物轮作。

（2）合理密植。

（3）可用种子重量 0.2% 的 40% 拌种双粉剂拌种或土壤处理。

13. 油菜根腐病

又名立枯病，纹枯病。曾在我国山东、河南的芥菜型油菜发病严重。一般情况下受感染病株率为 3%～5%，重灾区可达 10%～20%。此病还可危害许多不同科、属的蔬菜和大豆、花生、棉花、马铃薯、甜菜等 160 多种作物。

识别特征

油菜根腐病主要危害幼苗根部与根茎部位。未出土或刚出土的油菜幼苗感染后呈水渍状，随后变为褐色，最终油菜因根部腐烂而死亡。

发生规律

油菜根腐病菌是一种真菌，属于半知菌亚门立枯丝核菌。菌丝体或菌核通过寄主在土壤或病残体中越夏或越冬。病菌通过风雨、灌溉水、肥料、种子、田间耕作传播。地温在 11～30℃、土壤湿度在

20%～60%均可侵染。该病菌最佳发育温度为25℃左右。在高温高湿、光照不足的环境中易染病。一般在遭受连阴雨后造成烂根烂种现象。

防治方法

（1）注重轮作倒茬。

（2）施农家肥或充分腐熟有机肥。

（3）加强田间管理。发现病株应及时拔除销毁，病穴及其邻近植株及时采用药剂防治（表1-10）。

表1-10 防治根腐病的药剂种类与用法

药剂名称	稀释比例	喷施次数
5% 井冈霉素	1 000～1 600	2～3
50% 田安	500～600	2～3
20% 甲基立枯磷	1 000	2～3
90% 敌克松	500	2～3
75% 百菌清	600～700	2～3
50% 多菌灵	800～1 000	2～3
70% 敌磺钠	1 000	2～3
20% 甲基立枯磷乳油	1 200	2～3

注：每隔7～15天1次。

（4）用培养好的哈茨木霉0.4～0.45千克，加50千克细土，混匀后撒覆在病株基部，能有效地控制该病扩展。

14. 油菜黑腐病

该病属于一种普遍性油菜细菌性病害，大面积染病后可致使70%以上的植株感病，因感病植株角果数较少造成减产。其主要危害油菜地上主要器官，幼苗和成株均可感染发病，相比之下，在油菜生育后期发病较多。

识别特征

油菜幼苗、成株均可受到黑腐病的威胁。油菜叶片感染黑腐病后呈现黄色"V"字形或三角形病斑，感病叶脉黑褐色、叶柄暗绿色并伴有水渍状出现，严重时会溢有黄色菌脓，病斑扩散后可致叶片干枯而死。油菜抽薹后感染此病，其主轴上产生暗绿色水浸状长条斑，若遇到长时间多雨天气，空气湿度加大时会溢出大量黄色菌脓，后变黑褐色腐烂，主轴萎缩卷曲，角果干秕或枯死。油菜角果期感染此病后，角果上产生褐色至黑褐色斑，角果表皮稍凹陷，种子上生油浸状褐色斑，局限在表皮上。同时，油菜黑腐病可使其根、茎、维管束变黑，而导致油菜后期部分或全株枯萎。

油菜黑腐病细菌

发生规律

油菜黑腐病病原菌主要寄主在病残体内或依附在种子上，通过土壤进行越冬。在播种时一旦不慎将带有病菌的种子播入后，幼苗出土时依附在子叶上的病菌从子叶边缘的水孔或伤口侵入，从而引起幼苗感病。油菜成株叶片感染黑腐病后，病原菌通过在薄壁细胞进行繁殖，随后迅速进入维管束，从而引起叶片发病，再从叶片维管束蔓延至茎部维管束，从而导致整个植株系统侵染。如果生产种子不慎将带病植株种子收获，那么细菌通过果柄处侵入维管束，从而进入种子皮层或经荚皮的维管束进入种脐，导致种子体内带菌。此外也可随病残体碎片混入或附着在种子上，致种外带菌，油菜黑腐病病原菌可在种子存活 28 个月。该病在油菜生长期内主要通过病株、肥料、风雨或农具等进行传播。

防治方法

（1）选用高抗黑腐病的优良油菜品种。

（2）与其他非十字花科作物进行轮作倒茬。

（3）严把种子生产关，从源头上杜绝种子带病。

（4）播种前对种子进行包衣拌种处理。

（5）加强栽培管理。减少病原菌寄主条件。

（6）药剂防治（表 1-11）。

表 1-11　防治黑腐病的药剂种类与用法

药剂名称	稀释比例	喷施次数
72% 农用硫酸链霉素可溶性粉剂	3 500	2～3
12% 绿乳铜乳油	600	2～3

注：每隔 7～15 天 1 次；对铜剂敏感的品种须慎用。

15. 油菜细菌性黑斑病

又名黑点病。该病属于油菜上的常见病害，主要危害叶、茎、花梗和角果，影响油菜产量和品质。除危害油菜外，对芥菜、甘蓝、白菜、萝卜等十字花科作物也会造成危害。

识别特征

油菜叶片感染细菌性黑斑病后，在叶片上形成针孔大小的水浸状小斑点，起初为暗绿色，随后变为浅黑至黑褐色，且病斑中间颜色较深，发亮具光泽，个别病斑通过叶脉进行扩展，当多个病斑融合后，会形成不规则的坏死大斑，严重感染该病时叶脉变褐，叶片变黄脱落或扭曲变形。油菜茎干和角果感染细菌性黑斑病后产生深褐色不规则条状斑，同时在角果上产生凹陷不规则褐色针状斑。

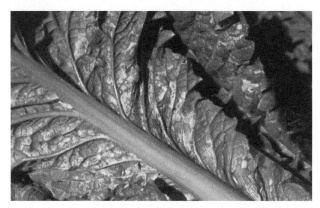

油菜细菌性黑斑病分生孢子梗和分生孢子

发生规律

油菜细菌性黑斑病主要通过菌丝和分生孢子寄主在种子内外和病残体上进行越冬或越夏。当种子带菌率达到60%时，会造成种子腐烂或死苗。在北方病残体上的菌丝或分生孢子产孢时间可延续150多天，产生大量分生孢子，这一产孢时间可延续80多天，生产的孢子从下而上进行危害叶片、花序及角果。

该病的流行发作与品种、气候和栽培条件有着密切关系。甘蓝型油菜较较白菜型和芥菜型油菜较为抗病，油菜花期如遇有高温多雨天气，潜伏期短，易发病。

防治方法

（1）选用抗病油菜新杂交品种。

（2）轮作倒茬，秋收完毕后及时清除病残物，集中处理。

（3）严把种子生产关，从源头上杜绝种子带病。

（4）发现少量病株及时拔除，大面积发生时可采用药剂防治（表1-12）。

表 1-12　防治细菌性黑斑病药的剂种类与用法

药剂名称	稀释比例	喷施次数
30% 绿得保悬浮剂	500	2～3
72% 农用硫酸链霉素可溶性粉剂	3 500	2～3
47% 加瑞农可湿性粉剂	900	2～3
77% 可杀得可湿性粉剂	600	2～3
14% 络氨铜水剂	350	2～3
12% 绿乳铜乳油	600	2～3

注：每隔 7～10 天 1 次；对铜剂敏感的品种须慎用。

第二章
油菜缺素症

1. 油菜缺氮

氮肥主要是增加叶绿素，促使植物茂盛，加强营养生长。过多施入氮肥会导致植物组织柔软、茎叶徒长纤细，易受病虫侵害，抗寒能力减弱。田间氮肥不足时植株瘦小，叶片黄绿色，生长缓慢，不能开花。

油菜田中，氮肥适量即可。据试验在中等肥力地块，亩施五氧化二磷（P_2O_5）6 千克基础上，增施氮肥，产量随施氮量增加而提高，当产量升至最高点后，再增加氮肥反而减产。生产上在亩施五氧化二磷基础上施氮 10 千克，亩最高增产 67.8 千克，生产上低于这个水平易出现缺氮。

识别特征

油菜缺氮时新叶发育缓慢，叶色变淡且叶片少，叶片颜色由率变紫，下部叶片甚至变红，缺氮严重叶片呈现焦枯状，叶脉淡红色。总言之，植物缺氮生长缓慢瘦弱，茎秆矮化、纤细、株型松散，角果数减少，

开花提前且花期较短，终花期提前。

发生原因

主要与土壤氮素供应状况有关。油菜需氮较多，我国几乎所有农田种植油菜时若仅靠土壤供氮均会出现不足的问题。

与气候条件有关。在多雨地区氮素易流失；土壤渍水或干旱等都会导致油菜缺氮症状的发生。

与栽培和施肥有关。播种迟和移栽晚的油菜根系发育差，养分吸收能力差；氮肥施用量小或施用方法不当。

防治方法

田间出现缺氮症状时，建议施用充分腐熟的有机肥，或施用涂层尿素、长效碳铵，控制缓释肥料。应急时，每亩可追施尿素 7～10 千克或碳酸氢铵 15～20 千克，天旱时施肥要选择在浇水前施入，不仅可以防止氮素的挥发，而且还能防止烧苗。提倡施用"垦易"微生物活性有机肥 300 倍液或绿丰生物肥 50～80 千克／亩穴施。此外还可施用促丰宝、保丰收等叶面肥，施用惠满丰液肥时，亩用量 250～500 毫升，稀释 400～600 倍液，喷叶 2～3 次。也可用 1%～2% 尿素水溶液 40～50 千克喷洒叶面。

当然，我们在种植油菜时，为了杜绝田间氮素和其他营养元素的缺乏，建议选择油菜专用缓控释肥，目前比较理想的有"宜施壮"牌油菜专用缓控释肥。

2. 油菜缺磷

磷素是植物茎秆坚韧的必要元素，可以促使花芽分化，花大鲜艳。磷素不仅能使油菜正常生长完全发育，还能促发新根，增强抗旱抗寒能力，同时还可以促使植物早熟。植物缺磷时生长缓慢，叶片缩小，分枝分化较少，花蕾减少，直接影响作物产量，成熟期延后。该缺素症一般先从老叶发起。

识别特征

　　油菜缺磷时叶片变小、变厚，且无叶柄，叶片呈暗蓝绿色至淡紫色，叶脉边缘呈紫红色斑点或斑块，叶片数量减少，邻近地表的叶片变黄陆续脱落。当严重缺磷时，叶片边缘坏死，下部叶片提前枯萎凋谢，同时叶片呈现出狭窄状，植株矮小，茎秆变细，主花序变短及分枝减少，根系发育差而小，致使油菜延后 1～2 天成熟。

发生原因

与土壤有效磷含量有关。我国油菜主产区大部分土壤都缺磷，当土壤速效磷含量低于25毫克／千克时，施用磷肥对油菜有明显的增产效果。

与植株体内磷及其他营养元素有关。偏施氮肥易导致油菜缺磷症状的发生。

与气候和栽培管理有关。我国冬油菜区冬季气温低导致土壤磷的有效性降低。在干旱地区或干旱季节，土壤含水量低，磷素扩散受阻，油菜易发生缺磷症状。

防治方法

缺磷时一般施入以钙镁磷肥为包裹剂的过磷酸钙20～30千克／亩，追施后要及时浇水，当缺磷严重时，可以同时在油菜叶面喷施磷酸二氢钾稀释液，根据田间实际情况选择天气较好的情况下喷施2～3次即可。

3. 油菜缺钾

钾肥不仅能提高油菜对病虫害的抵抗能力，同时还可增强油菜的抗旱、抗寒、抗倒能力，促使根系发达，球根增大，茎秆强健，还能促使果实膨大，色泽广亮。

油菜缺钾时叶片边缘出现坏死斑点，叶尖叶缘变黄，直至枯焦坏死。

通过试验表明，油菜田中土壤速效钾含量小于100毫克／千克的中下等土壤肥力水平，施钾比对照增产16.1%～20.7%，且含油量提高5%～12.4%。土壤中缺钾影响产量、质量及千粒重。同时，研究表明，褐土上施钾增产效果不明显。

识别特征

缺钾时叶片暗绿色，叶尖叶缘变黄且出现小斑点，叶片缩小，叶片变厚类似与开水烫伤状，叶表面凹凸不平，变脆易折断。严重缺钾时油菜叶片全部枯死，不脱落。油菜缺钾时，首先表现在新生叶片上，因为新生叶片新陈代谢旺盛，老叶上不易见到。主茎生长细而缓慢，，易折断倒伏，角果粒数变少，影响其单株产量，角果皮有褐色斑。

发生原因

与土壤钾素含量有关。我国油菜主产区农田土壤缺钾面积比例大，随着作物高产品种的推广应用，作物收获时从土壤中带走的钾素增多，导致缺钾面积增大、缺钾程度加剧。据研究，当土壤速效钾含量低于140毫克／千克时，油菜施用钾肥一般均有增产效果。

与气候有关。油菜主产区降雨量大是导致农田钾素流失严重的重要原因。

与田间栽培管理有关。不合理的耕作，土壤通透性差，或土壤干旱和水分过多，均易发生缺钾。

与肥料施用不当有关。近年来农田养分投入中的有机肥比例下降，化肥中氮、磷肥用量上升是目前缺钾的主要原因，如果偏施氮肥则会导致油菜缺钾症状的发生。

防治方法

缺钾时可施入硅酸盐细菌生物钾肥、硫酸钾、氯化钾与草木灰等。也可于叶面喷施磷酸二氢钾 200～250 克对水 50 千克，配成 0.4%～0.5% 的水溶液。

4. 油菜缺镁

镁素是植物体内叶绿素的主要成分之一，与植物的光合作用有关。镁能促进植物对二氧化碳的同化作用，因为镁素是二磷酸核酮糖羧化酶的活化剂。镁离子还能激发与碳水化合物代谢有关的葡萄糖激酶、果糖激酶和磷酸葡萄糖变位酶的活性；同时还是 DNA 聚合酶的活化剂，能促进 DNA 的合成。此外，镁还与脂肪代谢有关，能促使乙酸转变为乙酰辅酶 A，从而加速脂肪酸的合成。植物缺镁则体内代谢作用受阻，对幼嫩组织的发育和种子的成熟影响较大。

有时候因田间钾肥过剩或土壤呈酸性及含钙多的碱性土壤中呈现出一种缺镁的假象，这是因为它们对植物吸收镁素具有一定的抑制作用。甘肃春油菜产区由于无霜期较短，早春气温低，特别是土温低，这就会影响根对镁及磷酸的吸收。此外偏施氮肥也会诱发缺镁症发生。

识别特征

下部老叶叶片缺绿，呈现明显的紫红色斑块，中后期老叶和中部叶片脉间失绿，但叶脉仍是绿色的，叶面呈黄紫色与绿紫色的花斑叶，上部叶叶色变淡。严重时叶片枯萎、过早脱落。近地老叶开始发黄，花色苍白，植株大小变化不明显。

发生原因

土壤和气候因素。同钙一样，我国油菜主产区的土壤因温湿条件导致土壤高度风化和淋溶，土壤含镁量通常较低。酸性土和砂质土壤含镁量也较低。

施肥因素。酸性肥料和生理酸性肥料的大量施用导致土壤酸化，促进了土壤镁的流失。高量施用钾肥因养分拮抗而造成缺镁。

防治方法

缺镁时叶面喷 0.1%～0.2% 的硫酸镁溶液每亩 50 千克，连续喷施 2～3 次即可。

5. 油菜缺锰

锰元素在整个植物系统中有着重要的位置，植物体内诸多氧化还原反应都由其控制，同时还是许多酶的活化剂，直接参与油菜光合作用中水的光解，也是叶绿体的重要结构成分。土壤 pH 值和碳酸盐的含量对锰元素的有效性影响较大。当土壤 pH 值高或碳酸盐含量高于 9% 时容易油菜容易表现出缺锰。

识别特征

油菜缺锰时，幼叶失绿呈现黄白色，叶脉仍绿色，叶脉间呈灰黄或灰红，显示网状脉纹，叶片现淡紫或淡棕斑，症状随后扩展到老叶，植株一般生长势弱，黄绿色，开花数目少，角果也相应减少。

发生原因

在我国北方石灰性土壤上，尤其是质地轻、通透性良好、有机质少的土壤，锰的供给往往是不足的。

防治方法

油菜缺锰时，一般选择追施含锰化合物。亩追硫酸锰 3～5 千克或叶面喷施 0.1% 的硫酸锰溶液，每亩 50 千克。连续喷施 2～3 次即可。

6. 油菜缺硫

硫元素不仅是植物体内含硫蛋白质的重要组成成分，同时也是植物体内脂肪酶、羧化酶、氨基转移酶、磷酸化酶等的组成成分。约 90% 的硫存在于胱氨酸和蛋氨酸等含硫氨基酸中，参与某些生物活性物质如硫胺素、辅酶 A、乙酰辅酶 A 等的组成。硫在油菜田中能促进其形成根瘤和增加固氮能力，有利于后茬作物的生长。

识别特征

油菜缺硫时，在幼苗期主要表现为黄化窄小。开始时植株呈现淡绿色，幼叶颜色较其他叶片变浅，且叶脉缺绿，后期全部叶片发红直立，叶片边缘向上卷曲。在花期，花色和角果颜色变淡，且花小而少，籽粒发育不良，角果干瘪。缺硫的油菜植株矮小，茎秆木质化程度高，易折断。

发生原因

在油菜种植生态区内，气温高、雨水多的地区，硫酸根离子流失较为严重，这些地区通常表现为缺硫生态区。砂质土同样也是缺硫区。高产田和长期施用不含硫化肥(包括高含量氮、磷、钾复合肥)的地块易发生缺硫现象。油菜是一种对硫素敏感的植物，且需求量较大，若油菜种植田长期不施用含硫肥料，过多的施入氮肥会造成田间缺硫现象。

防治方法

（1）种植油菜尽量多选用如过磷酸钙、低浓度复混肥等含硫化肥。对于缺硫土壤，可施用磨细的石膏、硫黄等硫肥。硫肥宜作基肥施用，可以和氮、磷、钾等肥料混合，结合耕地施入土壤。缺硫土壤每亩施1.5～3千克硫为宜。

（2）在油菜生长过程中发现缺硫，可以用硫酸铵等速效性硫肥作追肥或喷施。

7. 油菜缺硼

硼素是植物必需的营养元素之一，通常以硼酸分子（H_3BO_3）的形态在植物体内同时被植物吸收利用，在体内不易移动。硼不仅对油菜光合作用的产物 - 碳水化合物的合成与转运有重要作用，同时还能能促进植物根系生长，对其受精过程的正常发育有着特殊作用。我国土壤均不同程度地表现出缺硼，所以以合理施用硼肥对发展中国农业有重要意义。在油菜田中硼素具有格外的重要性。

识别特征

油菜缺硼时，会影响到根、茎、叶、花、蕾、果等器官不能正常生长发育。油菜角果期缺硼会导致花器退化而出现"阴角"，授粉不好，形成花而不实，角果籽粒数偏小，直接影响单株产量。油菜全生育期都能表现出缺硼症状，特别是幼苗期、蕾薹期、开花期表现最为明显。油菜苗期缺硼影响根系发育不良，植株生长缓慢，根系不发达须根少；根茎膨大且尖端伴有小型瘤状物产生，严重缺硼是根表皮呈褐色、龟裂甚至坏死，容易出现死苗。油菜田严重缺硼时，其油菜植株幼叶逐渐枯萎，直至整个油菜植株死亡。油菜蕾薹期缺硼其根部膨大变粗且空心，根部表皮有白色变为黄褐色，同时叶片变厚变脆，叶片边缘朝上倒卷，叶面呈现出凸凹不平的隆起状，叶片绿色逐渐退变为蓝色紫斑。薹茎明显短细欠发育，植株矮小且枯死。油菜花期缺硼根部和叶片症状与蕾薹期一致，但主花序生长缓慢无力，顶端萎缩，花蕾败育，花粉活力下降，受精不好，花色变为淡黄色或白色，形成较为明显的华而不实，降低角果有效籽粒数，严重影响产量。

发生原因

当土壤中有效硼含量低于 0.6 毫克 / 千克时，油菜植株表现明显，此时施入硼肥或叶面喷施喷施效果较为明显，具有增产效果。

如果土壤中氮素偏多或过剩容易抑制油菜对硼素的吸收，同样土壤中钙含量偏高也容易引起油菜对硼素的抑制吸收。

硼素在同一生态区不同油菜品种田的需求量存在差异。主要与品种间成熟期有关，一般晚熟品种比早、中熟品种敏感，高产品种比普通品种敏感，甘蓝型油菜比白菜型、芥菜型油菜敏感，低芥酸油菜比高芥酸油菜敏感。

油菜缺硼症状的表现与种植区生态气候环境和栽培技术有一定关系。一般播种较晚的油菜，因根系发育差，吸硼力弱而易发生缺硼现象，在干旱地区和干旱年份也易发生缺硼现象。

防治方法

（1）播种前亩施颗粒硼 0.5～1.0 千克作底肥。缺硼严重的地区可根据实际情况在油菜苗期、薹期和初花期各喷 1 次叶面有机浓缩硼。

（2）择时早播，培育壮苗，促进根系发育，扩大营养吸收面。增施农家肥，合理施用氮、磷、钾化肥。

（3）加强田间管理，在水源丰富的区域内，及时灌溉，可有效减缓油菜缺硼症。

（4）干旱年份适当增施叶面硼，可有效增强油菜抗旱能力。

8. 油菜缺钙

钙对土壤酸度的调解具有一定的作用。油菜对钙肥的吸收与土壤类型有着紧密关系。一般情况下，缺钙土壤我们采用在其施入石灰，不仅可以使油菜自身和土壤获得外源钙的补充，同时还能提高土壤 pH 值，降低土壤酸化程度，从而减轻或消除土壤因酸性而引起的铁、铝、锰等离子对油菜生理发育的危害。石灰对土壤有机质的分解具有一定的促进作用。一般情况下，土壤中施入石灰的用量与土壤酸度和作物种类有关，通常我们参考农技部门测土结果而进行操作。石灰的施入通常以底肥的形式一次性深耕施入土壤，但在施入的时候一定要考虑其量，过多施入会使硼、锌等营养原色的有效性吸收降低，同时也会造成土壤结块。

识别特征

油菜缺钙时，根系变黑腐烂。茎秆矮化变短，新生叶片失绿变形，叶片边缘朝下卷曲呈弯钩状，基部叶片边缘焦枯，严重时甚至出现坏死，而叶尖与生长点处出现黏化果胶状。顶端花蕾易脱落，花蕾顶端弯曲，生长点受损或坏死，呈"断脖"状。

发生原因

土壤和气候因素。我国油菜主产区有较大面积位于长江流域或以南地区，温湿条件导致土壤高度风化和淋溶，土壤含钙量通常较低，土壤酸性强，影响了钙的有效性。砂质土壤含钙量也较低。干旱或长期降雨、阴湿天气也影响钙的吸收。

施肥因素。过量氮、磷、钾肥的施用均会造成养分不平衡而缺钙。例如氮肥的过量施用会降低土壤中钙的有效性，引起作物缺钙症的发生。

水分供应失调。当土壤过干或过湿时，在多雨季节过后接着干旱，或骤然遭受干旱的情况下，容易出现钙素的大量流失，土壤中有效钙含量降低，影响油菜根系对钙的吸收。田间水分减少，土壤干旱，土壤溶液浓度提高，减少了根系吸水从而抑制钙的吸收，而对油菜这种叶片大、蒸腾能力强的植物易产生缺钙症状。春季田间渍水易引起开花期油菜缺钙发生。

防治方法

（1）我国油菜主产区磷肥主要以过磷酸钙为主，也有用钙镁磷肥的，因其中含有大量的钙，若磷肥以这两个品种为主，一般不用另外施用钙肥。

（2）在酸性土壤上施用石灰可增加钙素含量和提高钙的有效性，一般每亩施用 40～80 千克的生石灰或熟石灰；质地较沙的应适当减少用量。

（3）在出现缺钙症状时，可选择在油菜叶面喷施钙肥来补充所需钙。如喷施 1% 的过磷酸钙浸出液或 0.3%～0.5% 氯化钙、硝酸钙溶液，或喷施 0.1% 螯合钙，每周 1 次，一般 2～3 次即可。

（4）雨季注意排水，避免钙的流失；干旱时适时浇水，特别是生长盛期，严防忽干忽湿，促进钙的吸收，防止缺钙的发生。

第三章
油菜主要虫害

1. 油菜蚜虫

我国油菜蚜虫有 3 种，即萝卜蚜、桃蚜和甘蓝蚜，是为害油菜最严重的害虫。萝卜蚜和桃蚜在全国都有发生，其中又以萝卜蚜数量最多；甘蓝蚜主要发生在北纬 40 度以北，或海拔 1 000 米以上的高原、高山地区。蚜虫以刺吸口器吸取油菜体内汁液，为害叶、茎、花、果，造成卷叶、死苗，植株的花序、角果萎缩，或全株枯死。蚜虫又是油菜病毒病的主要传毒媒介，病毒病的发生与蚜虫密切相关。

识别特征

3 种蚜虫在为害油菜期间均分为有翅和无翅两型，每型又有若虫和成虫两种虫态。若虫为成虫胎生产生，二者形态相似，但若虫体形较小。

萝卜蚜。成蚜体长 1.6～1.9 毫米，被有稀少白粉。头部有额瘤但不明显，触角较短，约为体长的一半。腹管短，稍长于尾片，管端部缢缩成瓶颈状。有翅成蚜头胸部黑色，腹部绿至黄绿色，腹侧和尾部有黑斑。无翅成蚜全体绿或黄绿色，各节背面有浓绿斑。

桃蚜。成蚜体长 1.8～2.0 毫米，体无白粉。头部有明显内倾额瘤，触角长，与体长相同。腹管细长，中后部稍膨大，长于尾片长度 1 倍以上。有翅成蚜头胸部色，腹部黄绿、赤褐柔色，腹背中后部有一大黑斑。无翅成蚜全体同色，黄绿或赤褐或橘黄色。

甘蓝蚜。成蚜体长 2.2～2.5 毫米，体厚，被有白粉。头部额瘤不明显，触角短，约为体长一半。腹管很短，不及触角第 5 节尾片长度，尾片短圆锥形。有翅成蚜头胸部黑色，腹部黄绿色，腹背有暗绿色横带数条。无翅成蚜全体暗绿色，腹部各节背面有断续黑横带。

发生规律

油菜蚜虫一年发生 10～40 代，世代重叠不易区分。油菜出苗后，有翅成蚜迁飞进入油菜田，胎生无翅蚜建立蚜群为害，当营养或环境不适时，又胎生有翅蚜迁出油菜田。北方春油菜区自苗期开始发生，至开花结果期为害达到高峰。油菜蚜虫的发生和为害主要决定于气温和降雨，适温 14～26℃，在温度适宜条件下，无雨或少雨，天气干燥，极适于蚜虫繁殖、为害；如秋季和春季天气干旱，往往能引起蚜虫大发生；反之，阴湿天气多，蚜虫的繁殖则受到抑制，发生危害则较轻。

防治方法

（1）化学防治。苗期有蚜株率达 10%，每株有蚜 1～2 头，抽薹开花期 10% 的茎枝或花序有蚜虫，每枝有蚜 3～5 头时，可以选用一下药剂进行科学防治：1.8% 阿维·高氯乳油或 1.1% 毒功 1 000～2 000 倍液，锐红可湿性粉剂 1 000 倍液，37% 高氯·马拉硫磷 1 000～2 000 倍液，2.5% 敌杀死乳剂 3 000 倍液。

（2）种子处理。用 20% 灭蚜松可湿粉 1 千克拌种 100 千克，或用甲基硫环磷、杀虫磷、呋喃丹拌种，可防苗期蚜虫。

（3）栽培防治。用银灰色、乳白色、黑色地膜覆盖地面 50% 左右。有驱蚜防病毒病作用。

（4）生物防治。饲养、释放蚜茧蜂、草蛉、瓢虫、食蚜蝇以及蚜霉菌等可减少蚜害。油菜蚜防治应抓住 3 个时期施药：第一个时期是苗期(3 片真叶)；第二个时期是本田的现蕾初期；第三个时期，在油菜植株有一半以上抽薹高度达 10 厘米左右。但这 3 个时期也要看蚜虫数量多少决定施药，尤其是结荚期应注意蚜虫发生，如果数量较大，仍要施药防治。

2. 油菜苜蓿盲蝽

苜蓿盲蝽在油菜上的发生危害案例较少，但该虫害一旦危害会对油菜造成致命性的减产或者绝收。2011 年甘肃省张掖市油菜产区大面积爆发，受灾株率 20%～50%，危害程度极其严重。

识别特征

成虫长 7.5～8.5 毫米，黄褐色，被细毛。头顶三角形，褐色，光滑，复眼扁圆，黑色，喙 4 节，端部黑，后伸达中足基节。触角细长，端半色深，1 节较头宽短，顶端具褐色斜纹，中叶具褐色横纹，被黑色细毛。前胸背板胝区隆突，黑褐色。小盾片突出，有黑色纵带 2 条。

前翅黄褐色，前缘具黑边，膜片黑褐色。足细长，股节有黑点，胫基部有小黑点。腹部基半两侧有褐色纵纹。卵长 1.3 毫米，浅黄色，香蕉形，卵盖有 1 指状突起。若虫黄绿色具黑毛，眼紫色，翅芽超过腹部第 3 节，腺囊口八字形。

发生规律

苜蓿盲蝽在本区油菜上 1 年发生 2～3 代，以卵在油菜秸秆、田间杂草或地埂上越冬，5 月中下旬为孵化期，6 月中旬为油菜危害盛期，8 月中下旬陆续转入寄主体上，进行越冬。

苜蓿盲蝽在油菜上具有大面积转移迁移特性，其迁移时间不固定；其次，苜蓿盲蝽虽具有趋光性，但由于本生态区昼夜温差大，个别虫害依旧在阴湿光照的环境中刺吸取食；次之，成虫在油菜田中产卵一般在油菜嫩叶叶柄、叶表皮下或者周围其他杂草上排成一字形卵状；

最后，苜蓿盲蝽在油菜上繁衍主要是气温在 20～30℃，据观察所知，特别是在祁连山区时常发生小气候，降雨量偏大的年份发生较为明显。

苜蓿盲蝽在油菜的危害部位及其程度具有不一致性，其主要表现为：一是在刺吸油菜花蕾过程中，主要刺吸新生油菜花蕾，分泌毒汁、同时吸取油菜营养和水分，使油菜花蕾在未开放时，呈现败育状态，花蕾呈现为淡黄色。严重时使整枝花蕾败育脱落，呈光秆形状；二是在刺吸叶片过程中，嫩叶被刺吸受灾后叶缘呈明显的"张口"状，而其他叶片受灾后呈卷曲状，甚至畸形；三是刺吸鲜嫩茎秆后，茎秆表皮呈白色丝状。

防治方法

（1）控制越冬虫口基数。主要是清除田间杂草及油菜秸秆。由于苜蓿盲蝽是以卵在枯死的杂草、农作物秸秆内越冬，因此油菜收获后，及时清理田间残留秸秆及周边杂草，消灭其越冬场所，可有效减少越冬虫卵数。

（2）春后化学防控。药剂拌种，播种前用 5% 锐劲特或锐胜种衣剂拌种，按比例（锐劲特∶种子 1∶10；锐胜每亩用 5 克）搅拌均匀，晾干后播种，可有效防控苜蓿盲蝽一代成若虫和黄曲条跳甲危害。在 5 月中下旬苜蓿盲蝽一代若虫和成虫出现时，及时采用药剂防控，一般选用一下药剂进行防控：10% 盲蝽净 2 000 倍液、50% 马拉硫磷乳油、50% 磷胺乳油 1 000～1 500 倍液、4.5% 高效顺反氯氰菊酯乳油 1 500～2 000 倍液等有机磷剂；2.5% 敌杀死乳油、2.5% 功夫乳油或 20% 灭扫利乳油 2000 倍液等菊酯类药剂，以及 50% 辛·敌乳油等有机磷和菊酯类复配剂均可收到较好防效。

3. 白星花金龟

学名为白星花金龟，是花金龟科昆虫的 1 种，又名白纹铜花金龟，主要寄主有玉米、果树等，以成虫食幼叶、芽、花及果实。

识别特征

体型中等，体长17～24毫米，体宽9～12毫米。椭圆形，背面较平，体较光亮，多为古铜色或青铜色，有的足绿色，体背面和腹面散布很多不规则的白绒斑。唇基较短宽，密布粗大刻点，前缘向上折翘，有中凹，两侧具边框，外侧向下倾斜，扩展呈钝角形。触角深褐色，雄虫鳃片部长、雌虫短。复眼突出。前胸背板长短于宽，两侧弧形，基部最宽，后角宽圆；盘区刻点较稀小，并具有2～3个白绒斑或呈不规则的排列，有的沿边框有白绒带，后缘有中凹。小盾片呈长三角形，顶端钝，表面光滑，仅基角有少量刻点。鞘翅宽大，肩部最宽，后缘圆弧形，缝角不突出；背面遍布粗大刻纹，肩凸的内、外侧刻纹尤为密集，白绒斑多为横波纹状，多集中在鞘翅的中、后部。臀板短宽，密布皱纹和黄茸毛，每侧有3个白绒斑，呈三角形排列。中胸腹突扁平，前端圆。后胸腹板中间光滑，两侧密布粗大皱纹和黄绒毛。腹部光滑，两侧刻纹较密粗，1～4节近边缘处和3～5节两侧中央有白绒斑。后足基节后外端角齿状；足粗壮，膝部有白绒斑，前足胫节外缘有3齿，跗节具两弯曲的爪。

发生规律

一年一代，以幼虫在土中越冬。在甘肃张掖油菜产区成虫出现在7月中旬，7—8月为发生盛期。有假死性。在油菜花期直接取食油菜主茎或分枝中上部的嫩茎，直至油菜主茎或分枝枯萎再更换寄主植株为害。成虫产卵于含腐殖质多的土中或堆肥和腐物堆中。幼虫（蛴螬）头小体肥大，多以腐败物为食，常见于堆肥和腐烂秸秆堆中，有时亦见于鸡窝中。以背着地，足朝上行进。干燥幼虫入药，有破瘀、止痛、散风平喘、明目去翳等功效。

防治方法

（1）做好农家肥的管理，因为成虫对未腐熟的农家肥、腐殖质有强烈的趋性，常将卵产于其中，所以对于农家肥要集中堆放，经高温发酵腐熟，减少成虫产卵繁殖的场所。

（2）在 5 月中旬前将粪堆加以翻倒或施用，捡拾白星花金龟的幼虫及蛹，必要时喷洒 50% 辛硫磷乳油 1 000 倍液或 40% 乐果乳油 1 000 倍液，80% 美曲膦酯可溶性剂 1 000 倍液，集中消灭。

（3）根据成虫有群居危害的特点，可采取在早晚或阴天温度低时人工捕捉，集中杀死。

（4）白星花金龟初发期在油菜地周围树上挂细口瓶，用酒瓶或清洗过的废农药瓶均可，挂瓶高度 1～1.5 米，瓶内放入少许果肉或酒醋，再放入 2～3 个白星花金龟，可有效引诱其他成虫入瓶。

（5）将西瓜或甜瓜切成两半，留部分瓜瓤，其中撒上少许酒醋和美曲膦酯杀虫剂，也可有效诱杀成虫。

4. 黄曲条跳甲

俗称"土疙蚤"，是油菜苗期的主要害虫，在早春干旱时发生严重。成虫危害叶片，喜食幼嫩部分，咬成密集的小孔或吃光，造成幼苗成片死亡，甚至毁苗重种。

识别特征

成虫、幼虫都可为害，幼苗期受害最重，常常食成小孔，造成缺苗毁种。成虫善跳跃，高温时还能飞翔，中午前后活动最盛。油菜移栽后，成虫从附近十字科蔬菜转移至油菜为害，以秋、春季为害最重。

发生规律

湿度对黄曲条跳甲的发生数量关系最大，特别是产卵期和卵期。成虫产卵喜潮湿土壤，含水量低的极少产卵。相对湿度低于90%时，卵孵化极少。春秋季雨水偏多，有利于发生。

黄曲条跳甲的适温范围21～30℃，低于20℃或高于30℃，成虫活动明显减少，特别是夏季高温季节，食量剧减，繁殖率下降，并有蛰伏现象，因而发生较轻。

黄曲条跳甲属寡足食性害虫，偏嗜十字花科蔬菜。一般十字花科蔬菜连作地区，终年食料不断，有利于大量繁殖，受害就重；若与其他蔬菜轮作，则发生危害就轻。

防治方法

（1）防治成虫，保护幼苗，特别是注意保护4叶期以前的油菜苗，在成虫产卵前或幼虫已蛀入叶组织时，向茎基部及叶腋处喷洒药液。

（2）根据虫害发生发展趋势和防治任务，及早做好高效、低毒农药的储备。

（3）防治药剂。BT乳剂，每亩用药100毫升对水45千克喷雾；48%毒死蜱乳油1 000倍液；10%氯氰菊酯乳油2 000～3 000倍液；

20%杀灭菊酯乳油 2 000～3 000 倍液；2.5%溴氰菊酯 2 500～4 000 倍液喷雾防治。

5. 油菜斑粉蝶

该虫害属于鳞翅目粉蝶科。主要发生在北方冬、春油菜区。同时还危害其他十字花科作物。

识别特征

成虫体长 15～18 毫米，灰黑色，翅展 40～48 毫米，翅白色，雄蝶前翅顶角有一群黑斑，中央横脉处有一黑斑，后翅背面黑斑隐约可见；雌蝶前翅黑斑均比雄蝶大，并且在中央黑斑至外缘之间还有一黑斑，后翅外缘有一列黑斑。卵瓶状，较尖，表面具纵横网格(有 16 条纵脊均到达精孔区；瓣饰 5 个，有 3 列；横脊 30～32 条)。老熟幼虫体长约 30 毫米，蓝灰色，头部及体表散布紫黑色突起，上有短毛，胴部具相间的黄色纵纹。蛹与菜粉蝶相仿，但体表散布有黑斑。

发生规律

我国北方地区年发生 3～4 代，以蛹在油菜田附近杂物越冬。与菜粉蝶混杂发生，但所占比例，不同年份不同地区都有差异，一般均属零星发生。与菜粉蝶一起混杂发生，幼虫食叶并排泄粪便污染菜株。该虫害分布广，危害程度高，其分布除福建、台湾、广东、海南未见外，其他各省均有。

防治方法

（1）可采用细菌杀虫剂，如国产 B.t. 乳剂或青虫菌六号液剂，通常采用 500～800 倍稀释浓度。

（2）化学防治可选用 50% 辛硫磷乳油 1 000 倍液或 20% 三唑磷乳油 700 倍液、25% 爱卡士乳油 800 倍液、44% 速凯乳油 1 000 倍液、10% 赛波凯乳油 2 000 倍液、0.12% 天力 E 号 (灭虫丁) 可湿性粉剂 1 000 倍液、2.5% 保得乳油 2 000 倍液、5% 锐劲特悬浮剂 1 500 倍液。

（3）生理防治可采用昆虫生长调节剂，又名昆虫几丁质合成抑制剂。如国产灭幼脲一号 (伏虫脲、除虫脲、氟脲杀、二氟脲、敌灭灵) 或 20%、25% 灭幼脲三号 (苏服一号) 胶悬剂 500～1 000 倍液，此类药剂作用缓慢，通常在虫龄变更时才使害虫致死，应提早喷洒，为此，这类药剂常采用胶悬剂的剂型，喷洒后耐雨水冲刷，药效可维持半月以上。

6. 油菜小菜蛾

属鳞翅目菜蛾科，别名：小青虫、两头尖。世界性迁飞害虫，主要为害甘蓝、紫甘蓝、青花菜、薹菜、芥菜、花椰菜、白菜、油菜、萝卜等十字花科植物。为害特点：初龄幼虫仅取食叶肉，留下表皮，在菜叶上形成一个个透明的斑，"开天窗"，3～4 龄幼虫可将菜叶食成孔洞和缺刻，严重时全叶被吃成网状。在苗期常集中心叶为害，影响包心。在留种株上，危害嫩茎、幼荚和籽粒。

识别特征

成虫体长 6～7 毫米，翅展 12～16 毫米，前后翅细长，缘毛很长，前后翅缘呈黄白色三度曲折的波浪纹，两翅合拢时呈 3 个接连的菱形斑，前翅缘毛长并翘起如鸡尾，触角丝状，褐色有白纹，静止时向前伸。雌虫较雄虫肥大，腹部末端圆筒状，雄虫腹末圆锥形，抱握器微张开。

卵椭圆形，稍扁平，长约 0.5 毫米，宽约 0.3 毫米，初产时淡黄色，有光泽，卵壳表面光滑。

初孵幼虫深褐色，后变为绿色。末龄幼虫体长 10～12 毫米，纺锤形，体节明显，腹部第 4～5 节膨大，雄虫可见一对睾丸。体上生稀疏长而黑的刚毛。头部黄褐色，前胸背板上有淡褐色无毛的小点组成两个"U"字形纹。臀足向后伸超过腹部末端，腹足趾钩单序缺环。幼虫较活泼，触之，则激烈扭动并后退。

蛹长 5～8 毫米，黄绿至灰褐色，外被丝茧极薄如网，两端通透。

发生规律

幼虫、蛹、成虫各种虫态均可越冬、越夏、无滞育现象。一般年份秋害重于春害。小菜蛾的发育适温为 20～30℃，在盛发期内完成 1 代约 20 天。以蛹或者成虫在植株上越冬。成虫夜间活动。幼虫活泼，受惊吐丝下坠。冬季干燥，春季高温多雨发生较重。卵产于叶脉旁或者角果上。

防治方法

（1）农业防治。合理布局，尽量避免大范围内十字花科蔬菜周年连作，以免虫源周而复始，对苗田加强管理，及时防治。收获后，要及时处理残株败叶可消灭大量虫源。

（2）物理防治。小菜蛾有趋光性，在幼虫发生期，可放置黑光灯诱杀小菜蛾，以减少虫源。

（3）生物防治。采用生物杀虫剂，如 BT 乳剂 600 倍液可使小菜蛾幼虫感病致死，甘蓝夜蛾核型多角体病毒 600 倍液可以小菜蛾幼虫感病致死。

（4）药剂防治。灭幼脲 700 倍液、25% 快杀灵 2 000 倍液，24% 万灵 1 000 倍液（该药注意不要过量，以免产生药害，同时不要使用含有辛硫磷、敌敌畏成分的农药，以免"烧叶"）、5% 卡死克 2 000 倍液进行防治，或用福将（10.5% 的甲维氟铃脲）1 000～1 500 倍液喷雾。注意交替使用或混合配用，以减缓抗药性的产生。用"邯科 140" 10～15 毫升喷雾"小菜蛾"有特效，可 1～3 小时见效，15 天的防效仍可达 90% 以上；一般喷施 1～2 次即可实现菜田无虫害。

7. 油菜银纹夜蛾

属鳞翅目，夜蛾科。主要发生在我国油菜产区。寄主于油菜、甘蓝、花椰菜、白菜、萝卜等十字花科蔬菜，豆类作物，茄子等。幼虫食叶，将菜叶吃成孔洞或缺刻，并排泄粪便污染菜株。

识别特征

成虫体长 15～17 毫米，翅展 32～36 毫米，体灰黑色。前翅深褐色，外线以内的亚中褶后方及外区带金色；翅中央有银白色近三角形的斑点和一"U"字形银色斑纹；肾形纹褐色；外线双线，褐色波纹；亚缘线黑褐色，锯齿形；后翅暗色。卵半球形，白色至淡黄绿色。幼虫体淡绿色，长 25～32 毫米，前端较细，后端较粗；背线呈双线、白色，亚背线白色，气门线黑色，气门黄色；第一、第二对腹足退化，行走时体背拱曲。蛹纺锤形、初期体背面褐色，腹面绿色，末期整体黑褐色；腹部第一、第二节气门孔突出；后足超过前翅外缘。达第四腹节的一半处；尾刺一对，屈起。

幼虫取食叶肉，留下上表皮，或咬食造成孔洞或缺刻。

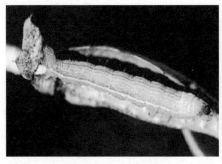

发生规律

银纹夜蛾年发生4～5代。以蛹越冬。第二年4月可见成虫羽化，羽化后经4～5天进入产卵盛期。银纹夜蛾产卵时，其卵多散产于叶片背面。第2～3代产卵最多，成虫昼伏夜出，有趋光性和趋化性。初孵幼虫多在叶背取食叶肉，留下表皮，3龄后取食嫩叶成孔洞，且食量大增。幼虫共5龄，有假死性，受惊后会卷缩掉地。在室温下，幼虫期10天左右。老熟幼虫在寄主叶背吐白丝作茧化蛹。11月底至12月初仍可见成虫出现。

防治方法

（1）加强栽培管理，冬季清除枯枝落叶，以减少来年的虫口基数。严格进行检疫，根据残破叶片和虫粪，人工捕杀幼虫和虫茧。

（2）利用成虫的趋光性，可用黑光灯诱杀成虫。

（3）化学防治。尽量选择在低龄幼虫期防治。此时虫口密度小，危害小，且虫的抗药性相对较弱。防治时用45%丙溴辛硫磷（国光依它）1 000倍液，或国光乙刻（20%氰戊菊酯）1 500倍液＋乐克（5.7%甲维盐）2 000倍混合液，40%啶虫.毒（必治）1 500～2 000倍液喷杀幼虫，可连用1～2次，间隔7～10天。可轮换用药，以延缓抗性的产生。

8. 油菜斜纹夜蛾

属鳞翅目夜蛾科斜纹夜蛾属的一个物种。该虫害为世界性普遍存在性虫害。

识别特征

幼虫取食叶片、花蕾、花及果实，初龄幼虫啮食叶片下表皮及叶肉，仅留上表皮呈透明斑；4龄以后进入暴食，咬食叶片，仅留主脉，是间歇性猖獗为害。成虫体长 14～21 毫米；翅展 37～42 毫米，褐色，前翅具许多斑纹，中有一条灰白色宽阔的斜纹，故名。

发生规律

年发生代数一年 4～5 代，在山东和浙江经调查都是如此。以蛹在土下 3～5 厘米处越冬。

成虫白天潜伏在叶背或土缝等阴暗处，夜间出来活动。每只雌蛾能产卵 3～5 块，每块约有卵位 100～200 个，卵多产在叶背的叶脉分叉处，经 5～6 天就能孵出幼虫，初孵时聚集叶背，4龄以后和成虫一样，白天躲在叶下土表处或土缝里，傍晚后爬到植株上取食叶片。

成虫有强烈的趋光性和趋化性，黑光灯的效果比普通灯的诱蛾效果明显，另外对糖、醋、酒味很敏感。

卵的孵化适温是 24℃左右，幼虫在气温 25℃时，历经 14～20 天，化蛹的适合土壤湿度是土壤含水量在 20% 左右，蛹期为 11～18 天。

防治方法

（1）农业防治。清除杂草，收获后翻耕晒土或灌水，以破坏或恶化其化蛹场所，有助于减少虫源。结合管理随手摘除卵块和群集危害的初孵幼虫，以减少虫源。

（2）物理防治。点灯诱蛾。利用成虫趋光性，于盛发期点黑光灯诱杀，糖醋诱杀。利用成虫趋化性配糖醋（糖∶醋∶酒∶水＝3∶4∶1∶2）加少量美曲膦酯诱蛾。柳枝蘸洒 500 倍美曲膦酯诱杀蛾子。

（3）药剂防治。挑治或全面治交替喷施 21% 灭杀毙乳油 6 000～8 000 倍液，或 50% 氰戊菊酯乳油 4 000～6 000 倍液，或 20% 氰马或菊马乳 2 000～3 000 倍液，或 2.5% 功夫、2.5% 天王星乳油 4 000～5 000 倍液，或 20% 灭扫利乳油 3 000 倍液，或 80% 敌敌畏、或 2.5% 灭幼脲、或 25% 马拉硫磷 1 000 倍液，或 5% 卡死克、或 5% 农梦特 2 000～3 000 倍液，2～3 次，隔 7～10 天 1 次，喷匀喷足。

9. 油菜露尾甲

属鞘翅目露尾甲科。主要分布在我国新疆维吾尔自治区[①]、青海、甘肃等春油菜产区。主要危害油菜，其次还危害其他十字花科作物。幼虫和成虫主要危害油菜花，造成花蕾枯死。

识别特征

成虫体长 3 毫米左右，黑色，具蓝绿色光泽，扁平椭圆形，触角褐色 9 节，锤节 3 节，能收入头下的侧沟里。足棕褐色至红褐色，前足胫节具小齿。鞘翅短。体两侧近平行，末端收平，尾节略露在翅外，鞘翅上具浅刻点不整齐。卵长 1 毫米，椭圆形白毛，表面光滑。幼虫末龄幼虫体长 4～5 毫米，头黑色，胸部、腹部白色，前胸背板上具黑

[①] 新疆维吾尔自治区简称新疆，内蒙古自治区简称内蒙古，广西壮族自治区简称广西，西藏自治区简称西藏，宁夏回族自治区简称宁夏，中国台湾地区简称台湾，全书同。

斑 2 块，余各节生褐色小疣，疣上长 1 根毛。蛹白色，尾端具叉，翅芽达第 5 腹节，近羽化时变为黄色至暗黑色。

　　该虫以成虫和幼虫危害春油菜。成虫以口器刺破叶片背面（较少在正面）或嫩茎的表皮，形成长约 2 毫米的"月牙形"伤口，头伸入其内啃食叶肉，被啃部分的表皮呈"半月形"的半透明状，啃食面积约 4 平方毫米。此害状多分布在叶背主脉两侧或沿叶缘部位。虫量大时，叶片上虫伤多，水分蒸发加快，叶片易干枯脱落。成虫危害花蕾时，可取食幼蕾（长度小于 2 毫米）、咬断大蕾蕾梗，在角果期形成明显的仅有果梗而无角果的"秃梗"症状，直接影响产量；也可取食大蕾或花的萼片、花瓣、花药和花粉。蕾期单株虫量 10 头以上时，花蕾严重受害，出现植株顶部有叶无蕾的"秃顶"害状。雌虫将卵产在叶片或嫩茎上被啃食的"半月形"表皮下。幼虫孵化后从"半月形"表皮下开始潜食叶肉，初期，被潜食部分的表皮呈淡白色泡状胀起，呈不规则块状而不是弯曲的虫道。从外可看到幼虫虫体及边潜食边留下的绿色虫粪。后期湿度大时，被害部分腐烂或裂开，在叶片上形成大孔洞，并过早落叶。每头幼虫平均潜食叶面积 (2.05 ± 1.61) 平方厘米。受害较重的地块，20% 以上的叶面受害，叶片"千疮百孔"，整个田间状如"火烧"。

发生规律

　　北方春油菜区 1 年生 1 代，以成虫在土壤中或残株落叶下越冬。翌春白菜等十字花科蔬菜开花后的 5 月中下旬，即油菜进入蕾期时，成虫开始迁入油菜田，成虫多把卵产在未开花的花蕾上，贴附在雄蕊处，每蕾上产卵1至数粒，6月进入为害盛期，花中有很多卵和幼虫，幼虫为害期20天左右，老熟后入土筑室化蛹，当年部分羽化，10月开始越冬。

防治方法

（1）收获后及时清理田间秸秆，减少虫源。

（2）选用早熟品种，适期早播，躲开成虫为害盛期。

（3）幼虫为害期喷洒40%乐果乳油1 000倍液或25%伏杀磷乳油1 200倍液、35%硫丹乳油1 500～1 600倍液。

（4）成虫越冬前，在田间、地埂、畦埂处堆放菜叶杂草，引诱成虫，集中杀灭。

10. 油菜八点灰灯蛾

属鞘翅目灯蛾科，主要发生在油菜、菜心、白菜、甘蓝等十字花科蔬菜和柑橘、桑、茶叶、稻叶等。分布在山西、陕西、华东、华中、华南、台湾、内蒙古、福建、广西、四川、云南、西藏等省（区）。为害：以幼虫食叶呈缺刻或孔洞，影响产量和品质。

识别特征

成虫体长20毫米，翅展38～54毫米。头胸白色，稍带褐色。下唇须3节，额侧缘和触角黑色；胸足具黑带，腿节上方橙色。腹部背面橙色，腹末及腹面白色，腹部各节背面、侧面和亚侧面具黑点。前翅灰白色，略带粉红色，除前缘区外，脉间带褐色，中室上角和下角各具2个黑点，其中1黑点不明显。后翅亦灰白色，有时具黑色亚端点数个。雄虫前翅浅灰褐色，前缘灰黄色，中室亦有黑点4个，后翅颜色较深。卵黄色，球形，底稍平。幼虫体。长35～43毫米，头褐黑色，具白斑，体黑色，毛簇红褐色，背面具白色宽带，侧毛突黄褐色，丛生黑色长毛。蛹长 22 毫米，土黄色至枣红色，腹背上有刻点。茧薄，灰白色。

发生规律

年生 2～3 代，以幼虫越冬，翌年 3 月开始活动，5 月中旬成虫羽化，每代历期 70 天左右，卵期约 8～13 天，幼虫期 16～25 天，蛹期 7～16 天。广东 5 月幼虫开始为害，10—11 月进入高峰期，成虫夜间活动，把卵产在叶背或叶脉附近，卵数粒或数十粒在一起，每雌可产卵 140 粒，幼虫孵化后在叶背取食，末龄幼虫多在地面爬行并吐丝粘叶结薄茧化蛹，也有的不吐丝在枯枝落叶下化蛹。

防治方法

（1）农业防治。耕翻土地，可消灭一部分在表土或枯叶残株内的越冬幼虫，减少虫源。

（2）抓住成虫盛发期和幼虫 2 龄前喷洒 25% 灭幼脲 3 号悬浮剂 500～600 倍液、40% 氰戊菊酯乳油 3 000 倍液、2.5% 功夫乳油 2 000 倍液、20% 灭扫利乳油或 2.5% 天王星乳油 3 000 倍液、20% 绿·马乳油 2 000 倍液效果都较好。采收前 7 天停止用药。

11. 油菜巴楚菜蝽

属半翅目蝽科。主要分布在宁夏、新疆、内蒙古、甘肃等油菜产区。主要危害对象为十字花科植物，在个别地区还为害宽叶独行菜、藜、胡麻、小麦等植物。

识别特征

成虫雄虫体长 6.3 毫米，宽 3.3 毫米，雌虫体长 7.8 毫米，宽 3. 8 毫米，尖圆形，全体淡黄略带青色，背面布有微小刻点和蓝黑色花纹。头前圆，头侧叶长于中叶，头后缘具黑横带 1 条，前正中有 1 个梭形白纹间于黑斑中，形成黑白相间的固定花纹。触角 5 节黑色，喙呈黄色，末端黑色伸达中足基节。复眼黑色，基部白色。前胸背板前缘内弯，黄白色，稍后具黑横带 1 条向两侧延伸拐向两后角，背中具"八"

字形黑纹，近前角的黑纹中各具 1 个小白斑；小盾片中线至端部具 1 白色箭纹，两侧具鱼钩状白纹，两纹弯至中部与箭纹相交，其余均为黑色。前翅革片内侧缘有黑色纵条，外侧近中部及末端各有 1 小黑斑，内侧近中央处有 1 不规则的大黑块；侧接缘外露，黄黑相间。膜片暗褐，边缘淡色，稍伸过腹末。腹部腹面及足淡黄色，各腹节中部两侧各有 1 黑色横条，气门的后方有 1 黑狭斑，各节侧缘近节缝处各有 1 小黑斑。各足腿节近端及胫节两侧具黑纵纹，跗节黑色。若虫体淡青黄色，腹背稍突起，头顶具空心箭纹，后缘黑色，前胸背板上有 2 个方形黑块，块中具细白纹 2 条，小盾片上生 1 "四" 字形三角形黑纹，翅芽上有黑纹 3 条，腹背中线及侧缘各生不正形黑斑 5 个。

发生规律

年生 2 代，以成虫在枯叶下或杂草丛中越冬，翌年春天开始为害，卵产在寄主叶背或茎上。在内蒙古成虫 6 月始发，7～8 月进入盛发期，五龄若虫 7 月大量出现。

防治方法

（1）采毁卵块。

（2）捕杀成虫和若虫。

（3）收获后清除落叶和杂草，秋季深耕以减少越冬虫口密度。

药剂防治，可用 21% 灭杀毙乳油 1 000～2 000 倍液或 2.5% 溴氰菊酯乳油 2 000 倍液、50% 辛氰乳油 2 000 倍液。采收前 7 天停止用药。

12.　油菜菜斑潜蝇

属双翅目潜蝇科斑潜蝇属。主要以幼虫潜叶危害。主要寄主与萝卜属、芸薹属、桂竹香属、豆瓣菜属等植物。

识别特征

成虫头部下端、触角、口须黄色，胸部黑色；中胸侧板上面三分之一处及胸腹板上绿黄色，足基节、腿节黄色，胫节和基节褐色；腹部黑褐色，光滑；背板后缘黄色，第9背板褐色，尾铗黄色；幼虫蛆状，白色。

发生规律

菜斑潜蝇通常在保护地内越冬，春秋两季是菜斑潜蝇的高发生期，在北京地区一年可发生多代，在喜食植物上种群增长快。研究表明：成虫有趋黄性，在管理粗放、施用杀虫剂较少地区发生严重。

防治方法

（1）收获完毕后，及时清理田间病残体，并实施与非喜食作物轮作。有条件的地方，可在大麦等早熟作物收获后，进行夏季深翻土壤高温闷棚。

（2）菜斑潜蝇轻发区加强调查，发现受害叶片及时摘除，并悬挂黄色粘虫黄板，诱杀成虫。

（3）药剂防治需注意交替使用不同药剂，防止害虫产生抗药性。防治成虫喷药宜在早晨或傍晚进行，可选用220克/升氯氰·毒死蜱乳油、10%溴氰虫酰胺可分散油悬浮剂、4.5%高效氯氰菊酯乳油、20%灭虫胺可溶粉剂、1.8%阿维菌素水乳剂喷雾进行防治。

13. 油菜菜粉蝶

属鳞翅目粉蝶科。别名菜白蝶，幼虫又称菜青虫。成虫黑色，体长12～20毫米，翅展45～55毫米，胸部密被白色及灰黑色长毛，翅白色。菜粉蝶属完全变态发育。主要寄主在十字花科、菊科、旋花科等植物并对其进行危害。

识别特征

成虫翅展45～55毫米，体长12～20毫米；身体与顶角呈黑色或灰黑色，翅白色，雄蝶拥有1个显著的黑斑，雌蝶前翅有2个显著的黑色圆斑。幼虫身体呈青绿色，背线淡黄色，腹面绿白色，体表密布细小黑色毛瘤，沿气门线有黄斑。

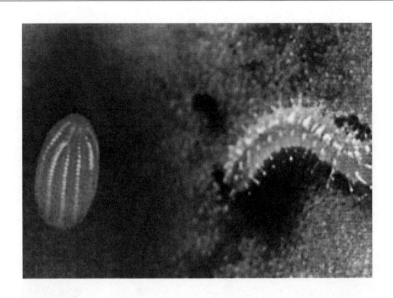

发生规律

北方春油菜产区内蒙古、新疆、甘肃、青海等地年发生 4～5 代，一般以蛹的形式在田间杂草或农田附近的树干等载体上越冬，在载体上着附时通常选择背阳的一面。开春后，上年度正常越冬的蛹开始羽化，形成幼虫以刺吸方式对花蜜进行危害并产卵，通常天气晴朗的午间时刻该虫害活动较为频繁。在产卵时，一般雌虫产卵 120 粒左右，且产卵比较分散，多产于叶片背面。当温度达到 8.4℃时卵即可正常发育；当日有效积温达到 56.4℃时，4～8 天即可发育完成；温度达到 6℃时，幼虫即可正常发育，日有效积温达 217℃，11～22 天即可完成幼虫到成虫的转变；温度达到 7℃时，蛹即可正常发育，日有效积温达 150.1℃，5～16 天可完成正常发育；一般成虫存活时间在 5 天左右。温度为 20～25℃时，相对湿度在 76% 左右时，是菜青虫的最适发育温度，这与其他甘蓝类植物体上危害所需温湿度基本一致。

防治方法

（1）生物防治。可选用 B.t. 乳剂或青虫菌六号液剂进行防治。

（2）化学防治。可选用50%辛硫磷乳油、25%爱卡士乳油、44%速凯乳油、10%赛波凯乳油、20%三唑磷乳油、0.12%灭虫丁可湿性粉剂、2.5%保得乳油、吡虫啉与5%锐劲特悬浮剂等药剂按使用比例配施防治。

（3）生理防治。可采用昆虫生长调节剂，又名昆虫几丁质合成抑制剂，此类药剂作用缓慢，通常在虫龄变更时才使害虫致死，应提早喷洒，为此，这类药剂常采用胶悬剂的剂型，喷洒后耐雨水冲刷，药效可维持半月以上。

（4）物理防治。在田间不同区域挂置黄板可对成虫进行诱杀。

14. 油菜菜蝽

属半翅目，蝽科，又称河北菜蝽。国内除少数省份和新疆维吾尔自治区外，均有分布。以成虫和若虫为害油菜花蕾等主要器官。

识别特征

成虫：椭圆形，体长6～9毫米，体色橙红或橙黄，有黑色斑纹。

头部黑色，侧缘上卷，橙色或橙红。前胸背板上有 6 个大黑斑，略成两排，前排 2 个，后排 4 个。小盾片基部有 1 个三角形大黑斑，近端部两侧各有 1 个较小黑斑，小盾片橙红色部分成"Y"字形，交会处缢缩。翅革片具橙黄或橙红色曲纹，在翅外缘形成 2 黑斑；膜片黑色，具白边。足黄、黑相间。腹部腹面黄白色，具 4 纵列黑斑。

卵：鼓形，初为白色，后变灰白色，孵化前灰黑色。

若虫：无翅，外形与成虫相似，虫体与翅芽均有黑色与橙红色斑纹。

发生规律

该虫害发生规律类似于油菜苜蓿盲蝽。

防治方法

（1）农业防治。及时秋翻深耕，消灭部分越冬成虫，并及时清理田间着附卵块的植株体。

（2）药剂防治。使用 10% 高效氯氰菊酯乳油 10～15 毫升加水 40～50L 喷雾。或用 20% 增效氯氰乳油 3 000 倍液、灭杀毙乳油 4 000 倍液、50% 辛氰乳油 3 000 倍液、功夫菊酯乳油 3 000 倍液、2.5% 保得乳油 3 000 倍液按使用说明进行喷施防治。

15. 黄狭条跳甲

该虫害主要存在于甘肃、新疆、内蒙古等省区。油菜作为其主要寄主作物之一，以成虫危害油菜嫩叶，受灾后的幼叶呈稠密小孔，刚出土幼苗在受到危害后，会出现成片枯死，同时也危害花蕾、嫩荚。幼虫咀食根部，严重的致叶丛发黄枯死，且可传播油菜细菌性软腐病。同时还寄主在甘蓝、花椰菜、白菜、萝卜等十字花科蔬菜，危害粟、大麦、小麦、燕麦、豆类等农作物。属于普遍性害虫。

识别特征

成虫身体呈黑色，长约 1.5～2.4 毫米，在鞘翅上拥有一对对称的黄色纵斑，该斑在身体中部狭而弯曲。财节、胫节呈黄褐色，且由于后足腿节膨大，十分善跳。

幼虫老熟幼虫体长均约 4 毫米，长圆筒形，黄白色，各节具不显著肉瘤，生有细毛。

发生规律

以成虫在落叶、杂草中潜伏越冬。开春后，当温度达到 10℃以上时开始取食危害，气温在 20℃以上时，该虫适量大增。在成虫期遇到高温的午间时刻，会以跳跃或飞翔的形式进行远距离移动，从而造成新的区域受灾，但其对黑光灯敏感，具有一定的趋光性。成虫存活期长，在外界环境条件允许的情况下，其产卵期可长达 1 月之久，从而出现世代重叠，影响防治效果。一般卵产于湿润的土壤缝隙中或植物细根上，每次产卵数在 200 粒左右，卵在 20℃以下时需要经过 4～9天才能发育。幼虫必须在高温环境中才能孵化，且一般靠近地沟边的地里多。幼虫通常对离地表土层 3～5 厘米出的根皮啃食危害，从幼虫到成虫一般需要 11～16 天发育。在我省油菜产区主要发生在油菜刚出土至苗期，干旱年份可造成大面积油菜死亡。

防治方法

（1）年际间轮作倒茬，可有效减少其越冬虫卵基数。

（2）及时清理田间秸秆及周边地埂杂草，减少越冬场所。并进行黑光灯诱杀。

（3）用呋喃丹等对种子进行包衣，可有效预防苗期灾害。

（4）油菜子叶初期成虫出现时，喷施 2% 杀螟松粉剂。

（5）以预防为主，发现危害后，要及时进行重点防治，主要是对成虫的防治，在喷施农药的过程中，一般是从地块中心向四周扩散喷施防治。防治效果较好的药剂有 2.5% 溴氰菊酯乳油、氰戊菊酯与 40% 菊杀或菊马乳油等。

16. 东方粉蝶

该虫害主要以幼虫对叶片进行啃食危害，其对象主要有油菜、甘蓝、菜心、白菜、花椰菜、芥蓝、萝卜等十字花科植物。危害严重时可使整个叶片只剩下叶脉。当东方粉蝶的虫口数超过油菜可程度的限度时，可导致油菜软腐病发生。

识别特征

成虫与菜粉蝶相似，不同之处在于东方粉蝶的前、后翅外缘各有 3～5 个三角形黑斑。其幼虫形态与菜青虫相似，体背上拥有黑褐色的毛瘤，且周围呈现墨绿色的圆斑，虫体暗绿色。腹背第 7 节有两黄斑，背线黄色。蛹和菜粉蝶蛹相似，但头前的中突呈管状且长。

发生规律

该粉蝶幼虫主要以叶肉为啃食对象，危害后留有叶表皮。3 龄后幼虫危害可使叶片形成孔洞或缺刻，甚至仅留叶脉。

防治方法

参见菜粉蝶。

17. 西北豆芫菁

别名红头黑芫菁、西伯利亚豆芫菁，该虫属鞘翅目，芫菁科。该虫害从南到北广泛分布于我国很多省、区，主要以成虫为害大豆及其他豆科植物的叶片及花瓣，使受害株不能结实。在春油菜区部分地区偶有发生。

识别特征

西北豆芫菁为完全变态昆虫，生活史需经卵、幼虫、蛹及成虫四个阶段。体长约 14～27 毫米，体色除头部为红色外其他部分为单纯的黑色，身体部分地方具有灰色短绒毛。成虫主要于夏季出现在中低海拔地区，为植食性昆虫，在危害油菜时，经常成群出现在茎叶或花上啃食。

成虫体长 11～19 毫米，头部红色，胸腹和鞘翅均为黑色，头部略呈三角形，触角近基部几节暗红色，基部有 1 对黑色瘤状突起。雌虫触角丝状，雄虫触角第 3～7 节扁而宽。前胸背板中央和每个鞘翅都有 1 条纵行的黄白色纹。前胸两侧、鞘翅的周缘和腹部各节腹面的后缘都生有灰白色毛。

卵长椭圆形，长 2.5～3 毫米，宽 0.9～1.2 毫米，初产乳白色，后变黄褐色，卵块排列成菊花状。

芜菁幼虫是复变态昆虫，各龄幼虫的形态都不相同。初龄幼虫似双尾虫，口器和胸足都发达，每足的末端都具 3 爪，腹部末端有 1 对长的尾须。2～4 龄幼虫的胸足缩短，无爪和尾须，形似蛴螬。第 5 龄似象甲幼虫，胸足呈乳突状。第 6 龄又似蛴螬，体长 13～14 毫米，头部褐色，胸和腹部乳白色。

蛹体长约 16 毫米，全体灰黄色，复眼黑色。前胸背板后缘及侧缘各有长刺9根，第1～6腹节背面左右各有刺毛6根，后缘各生刺毛1排，第7～8腹节的左右各有刺毛5根。翅端达腹部第3节。

发生规律

西北豆芫菁在北方春油菜区年发生1～3代。在油菜上以成虫危害最为严重，且数量随着繁衍代数而减少。该虫在油菜上危害时主要选择在白天，以群体迁移危害油菜花蕾和叶枝，以爬行和飞跃进行移动危害。成虫在遇到外界威胁时，受惊并迅速散开或坠落地面，并且在腿节末端分泌出黄色液体的芫菁素，人体皮肤一旦触及该芫菁素会引起局部皮肤红肿发泡。

豆芫菁成虫主要以植物叶片、花蕾等为主。幼虫通常以蝗卵为食，在幼虫孵出后分散寻找蝗卵，若找不到可食用的蝗虫卵，则幼虫会被饥饿而死。一般情况下，1只豆芫菁幼虫需要1只蝗虫卵来满足自己食用。

防治方法

（1）冬前防治。根据西北豆芫菁经幼虫在土中越冬的习性，在油菜田收获后及时进行秋季深翻耕，使其幼虫固化与土壤中，增加越冬幼虫的死亡率。

（2）成虫可进行人工网捕。西北豆芫菁成虫具有群集性，危害时集体危害，鉴于此可于清晨用网捕成虫，集中消灭。

（3）药剂防治。我们通常采用两种方法对其进行药剂防控，一是喷粉：用1.5%甲基1605粉剂，或2%杀螟松粉剂，或2.5%美曲膦酯粉，每亩用1.5～2.5千克。二是喷雾：用80%敌敌畏乳油，或用90%晶体美曲膦酯1 000～2 500倍液，每亩用75千克药液。

18. 蒙古斑芫菁

该虫属鞘翅目，芫菁科。从南到北广泛分布于中国很多省、区，主要以成虫为害大豆及其他豆科植物的叶片及花瓣，使受害株不能结实。在春油菜区部分地区偶有发生。

识别特征

雄虫体长 12.2～15.5 毫米，宽 4.2～5.5 毫米。

头金属绿色，具黑色毛。额部中央具 1 红斑。触角 11 节。前 3 节棒状，第 1 节长约为第 3 节的一半，第 2 节约第 1 节的一半；第 4～10 节逐渐变粗，但程度不大，各节几乎等长，约为第 3 节的一半；末节梭形，顶端尖，加长。触角黑色，具黑色毛。复眼暗红色，光裸。下颚须 4 节，第 1 节最短，次末节短于前后两节，末节加粗。黑色，具黑色毛。

前胸背板长略大于宽。金属绿色，具黑色毛。足的胫节具 2 暗红色距；跗节 5-5-4；附爪背叶腹缘光滑无齿。跗节第一节基部和附爪暗红色，其余黑绿色。足具黑色毛。鞘翅底色两端红色，中间黄白色，具黑色斑：靠近基部有 1 对斑，内侧斑沿中缝与小盾片相连；中斑为相连的波状横斑；靠近端部有 1 对斑；端部边缘有 1 方形斑，沿中缝向上，有时与上面的斑相连。鞘翅密布黑色短毛。

腹部金属绿色，具黑色毛。

雌虫与雄虫相似。

发生规律

发生规律类似于西北豆芫菁。

防治方法

防治方法参考西北豆芫菁。

第四章
油菜常见自然灾害

1. 旱 灾

我国北方春油菜主要分布在甘肃、新疆、青海与内蒙古等省（区），主要是温带大陆性气候，局部地区是高原气候。在每年的3—5月期间有效降水量极少甚至为零，常伴有1～2个月干旱多风天气出现。这个时期是春油菜区主要播种和除苗期，旱灾对其的影响甚大，主要体现在土壤干燥、出苗缓慢、出苗后苗子弱小等，易造成死苗现象的发生。

在春油菜区主要以抢时抢墒播种与加大亩播种量等措施预防旱灾。

防治方法

（1）选用具有耐旱能力的杂交品种。如果所选品种具有较强的抗旱能力，那么在干旱情况下，能有效减少水分蒸腾，提高渗透调节物质代谢水平，抗旱品种的选择，是生产上既经济又有效的途径。

（2）全膜覆盖抗旱技术。在种植区进行全膜覆盖种植，通常以两种模式种植，一种为露地平膜覆盖，一种为露地微垄沟全膜覆盖。干旱情况下，水源往往很紧张。利用全膜覆盖保墒、微垄沟集雨、局部灌溉或喷灌等节水措施可有效改善油菜土壤墒情，劳动力投入成本低下。

（3）采用少(免)耕技术。春油菜种植区具有无霜期短、干旱少雨等自然限制因子，采用少免耕技术，不仅可以早播种、而且还能减少田间水分的蒸发。推荐采用北方春油菜区精量联合播种技术，可保证出苗一致与减少油菜自生苗危害等优点。

（4）喷施抗旱剂。当油菜表现出干旱缺水时，可选择喷施黄腐酸1 000～1 200倍液，以增加绿叶面积，提高叶绿素含量、增强茎秆硬度等措施，减少叶片蒸发量，从而达到保产、稳产、增产之目的。

（5）增施一定量的硼肥，可有效缓解油菜干旱缺水症状。油菜返汉时容易出现叶片变红变紫、矮化、变形、花而不实等病症，这主要是由干旱导致油菜硼素营养缺乏造成的。通过我们在油菜播种前以每亩0.5～1.0千克颗粒硼作为底肥一次性施入，或在苗期和蕾花期各喷一次叶面浓缩硼，不仅可以满足油菜自身所需硼素，而且还能增强其生长势、提高花粉质量、避免花而不实、提高有效结实率。

2. 冻　害

油菜冻害属于自然性灾害。在各生育阶段均可发生，其发生冻害的程度和状况因不同低温条件对其影响的严重性而存在差别。生产中油菜冻害通常表现为以下4种类型。

持续低温干旱，并伴有大风、土壤冰冻、雨雪交加、蒸发量大，油菜叶片或根系受冻首先变为墨绿色或出现水渍状，最后干枯死亡。

持续低温湿冻，土壤适度过大、土层结冰、致根部外露受冻，植株死亡。

薹茎、叶片受冻，薹茎破裂或萎缩下垂，叶片萎缩枯萎。花期若出现低温霜冻（最易出现在沿祁连山北麓的高海拔地区），易造成花蕾受冻后黄枯脱落，整个花序出现分段结荚，从而影响其产量。

角果期遇到早霜低温受冻，造成油菜角果出现白色斑点或者植株死亡，严重时减产。

防治方法

（1）适时播种，培育壮苗。

（2）钾肥对改善土壤、提高地温、降低土壤冰层厚度具有一定作用，应根据测土配方结果适当增施磷钾肥或有机复合肥，可有效预防油菜冻害，同时还具有壮苗作用。

（3）草木灰中富含钾元素，将草木灰撒在地面或浅锄入土，可有效提高土壤温度，减轻油菜冻害。一般亩施 12 千克草木灰即可。

3. 肥　害

常见的肥害有外伤型和内伤型两种，其为害程度不亚于病虫对油菜的危害。通常由肥料外部侵害所致，造成油菜根、茎、叶的外表伤害，属于外伤型肥害。比如多施氯化铵、硫化铵等肥料，会产生过量的氨气，从而导致油菜茎叶出现褐黑色伤斑，严重时可使整个油菜停止生长或干枯而死。因施肥不当，造成植株体内离子平衡受到破坏引起的生理伤害，属于内伤型肥害。油菜吸入过量氨气，叶绿素解体、叶内组织崩溃，从而影响光合作用不能正常合成，致使植株死亡，直至影响品质和产量。

防治方法

（1）提倡施用腐熟有机肥或农家肥，采用分层施入或全层深施技术，与化肥科学施入。亩施入碳铵 25 千克、硫酸铵 15 千克、尿素 10 千克或尿素 10 千克、美国二铵 30 千克，施肥时一定要根据天气情况进行适时操作，避免因天气而造成的植物肥害。建议施入油菜缓控释长效有机肥，即可避免因施肥不当而引起的肥害，又可缓解不同生育期油菜因缺肥而造成的缺素症发生。

（2）在部分油菜种植区，存在连年连作，这样的油菜田因土壤微生物减少，而引起土壤有机质分解缓慢，从而造成有效营养成分的流失，降低其有机肥利用效率。为此，在条件允许的种植区内，建议将腐熟的家禽粪便与生物有机肥混施，或腐熟的农家肥与油菜专用缓控释肥混施，可有效改良土壤理化性状，减少化肥流失，提高其利用率。

4. 高温灾害

高温在甘肃主要出现在 7—8 月,而此时正是油菜开花期,这个时候北方受气候的影响,天气持续高温干燥少雨、蒸发量大、土壤中缺水,特别是午间光照强烈气温骤升,易出现地温过高且持续时间长,田间持水量严重偏少,致使油菜花粉活力下降,从而影响其花粉受精,造成角果籽粒数偏少,直接影响油菜单株产量。严重时发育中的花蕾因水分不足,在未开花前出现枯死症状,这也是我们生产中常说的由于高温缺水造成的油菜"旱截花"现象。

防治方法

(1)适时播种,采用适宜本地种植特点的节水保墒技术。

(2)苗期高温干旱年份要注意及时浇水,保持土壤湿度适宜,必要时再浇第 1～2 次水,砂壤土易缺水,更应该注意。

(3)采用全膜覆盖播种技术,可有效降低田间水分的蒸发,为植株正常发育提供有效水分供应。

5. 萎缩不实症

油菜萎缩不实症主要有矮化型和徒长型两种。该病一般在花期以荫荚不实表现,严重病变时在苗期就开始表现。

矮化型:油菜植株矮化,花序、角果等间距缩短,花蕾、幼荚大量脱落,角果畸形扭曲或短缩;分枝丛生或分枝部位低,基部 2～3 次分枝多,虽不断开花,但不结实;茎和花序顶端黄白色,萎缩干枯,茎表变为紫红或蓝紫色,皮层具纵向裂口;叶变紫红色至暗绿色,有紫色斑块,叶脉黄色,叶片小,皱缩,质厚脆;根肿大,根系发育不良,表皮龟裂呈褐色,支根和细很少。

徒长型:植株明显增高,株型变松散,花序无力纤细而长向下垂,虽然能正常开花,却不能结实;根系与分枝均正常,但角果种子少,有的子实萎缩，出现间隔结实现象。

防治方法

（1）增施有机复合肥。不仅可以提高土壤的保水保肥能力，还可丰富有机肥中微生物含量和增加土壤中有效硼的含量。

（2）施用硼肥。目前较为理想的硼肥有硼酸、禾丰硼、中油种乐硼与硼砂等，可作基肥一次性施入，也可溶解进行叶面喷施。

6. 鸟 害

近年来，由于生态环境的改善与国家对剧毒有机磷农药、禁猎、退耕还林治理等措施的实施，生活居住地等生态环境明显改善恢复，致使各类鸟类数量剧增，特别是对油菜具有危害的麻雀等鸟类数量剧增。而这些鸟在油菜地附近，主要栖息在树林、水源丰富的村庄部落、农田中输电线路等载体上。鸟类飞行迁移觅食等行为具有结群性，通常在几十只，多的时候成百上千只，随着双低油菜的普及推广，鸟类对油菜的危害进一步扩大，这就要求我们队油菜田中的鸟类进行有效的防御，从而降低其对油菜的危害，使油菜产量得到最大限度的保障。

鸟类对油菜的危害不仅受到生态环境效应的影响，同时还与油菜自身品质有很大关系，这主要于油菜品种芥酸、硫苷含量及适口性有关。一般双低油菜由于芥酸与硫苷含量低，且具有很好的适口性，因此甘蓝型双低油菜是鸟类的喜食，受灾情况较白菜型与芥菜型严重。

鸟害对油菜的危害具有阶段性。一般油菜受到鸟类危害时，此时正是鸟类无法获取更多植物作为自己口粮的时候，且其一般选择在晴朗的白天进行危害，特别是早晨露水干掉和傍晚温度不太高时鸟类危害活动加剧，属受灾高峰期。鸟类一般在午间温度较高和阴雨天活动较少。

防治方法

（1）人畜驱鸟。个别油菜田受到鸟害后，可通过放狗、田间搭设人形物或人工驱鸟等措施进行驱赶，条件允许的农户也可通过燃放鞭炮等措施进行驱赶。早晨露水干掉和傍晚时分鸟类对油菜的危害严重，需到田间进行人工驱赶，而角果期鸟类对油菜的危害属于高峰期，此时应全天进行驱赶，不过该工作费时费力。

（2）架设防鸟网。利用鸟类对暗淡颜色辨别不清特点，以白色尼龙网在油菜田以铁丝网架为基础搭建专用防鸟网，但此操作需要较高的费用，不适合大面积连片种植区。在选择防鸟网材料时要切记不宜选择绿色或黑色的防鸟网。

（3）利用高强度聚乙烯膜镀铝反光原理制成驱鸟带，该技术主要在晴天光照充足的情况下才会有明显的驱鸟效果，但要不定期的更换放置位置，从视觉空间上给鸟类造成一种误解，否则驱赶效果不好。闪光带驱鸟技术不仅成本低，而且还简单易行，对危害油菜的鸟害具有很好的驱赶效果，同时还可保护益鸟。该技术不能长久使用，使用时间久了，鸟就对该物失去了恐惧感，从而达不到想要的驱鸟效果。

（4）声音驱鸟。利用鞭炮声驱赶鸟群，在油菜田中悬挂一个铁桶，将鞭炮不时放入几个乒乓燃放，使鸟不敢靠近，从而达到驱鸟效果。目前该方法驱鸟效果相对较好。

（5）利用化学物质进行驱鸟。化学驱鸟剂主要有粉剂和水剂两种，其主要有效成分是邻氨基苯甲酸甲酯，该物质用水稀释后喷于油菜叶片，可缓慢释放出一种对鸟类中枢神经系统影响的气体，已达到驱鸟效果，但在使用该技术时，要谨防孩童在油菜地玩耍，避免对其造成一定的危害。

（6）利用驱鸟器驱赶。主要有超声波驱鸟器、语音驱鸟器、液化气炮驱鸟器、超声波驱鸟器、飞击式驱鸟器、电子炮驱鸟器等，对油菜造成危害的主要害虫——麻雀具有很好的驱赶效果。但由于费用较高或者操作烦琐，难以在油菜大田生产中推广应用。

第五章
油菜田间常见草害

1. 看麦娘

一年生禾本科杂草，秆多数丛生；叶鞘疏松抱茎，叶舌长约2毫米；穗圆锥形，花序呈细棒状，小穗长2～3毫米；颖膜质，基部互相连合，具3脉，脊上有细纤毛，侧脉下部有短毛；外稃膜质，先端钝，等大或稍长于颖，下部边缘互相连合，芒长1.5～3.5毫米，约于稃体下部四分之一处伸出，隐藏或稍外露；花药橙黄色，长0.5～0.8毫米。颖果长约1毫米。我国春油菜区均有发生。

苇状看麦娘

防治方法

（1）人工防治。根据田间油菜生长发育阶段，适时进行人工除草。

可在杂草萌发后或生长时期直接进行人工拔除或铲除，或结合中耕施肥等农耕操作时进行清除。

（2）机械防治。结合农事活动，利用农业机械进行杂草清除。

（3）化学防除。主要特点是高效、省工，免去繁重的田间除草劳动，用精稳杀得、高效盖草能、拿捕净和精喹禾灵等除草剂，或油欢、保顺等除草剂，防除效果较好，且对油菜无危害。在连片种植区域较大的地方，可进行集中飞防喷施，效果甚佳。

2. 猪殃殃

一年生或越年生杂草，多枝、蔓生或攀缘状草本，通常高30～90厘米；茎有4棱角；棱上、叶缘、叶脉上均有倒生的小刺毛。叶纸质或近膜质，6～8片轮生，稀为4～5片，带状倒披针形或长圆状倒披针形，长1～5.5厘米，宽1～7毫米，顶端有针状凸花尖头，基部渐狭，两面常有紧贴的刺状毛，常萎软状，干时常卷缩，1脉，近无柄。聚伞花序腋生或顶生，少至多花，花小，4数，有纤细的花梗；花萼被钩毛，萼檐近截平；花冠黄绿色或白色，辐状，裂片长圆形，长不及1毫米，镊合状排列；子房被毛，花柱2裂至中部，柱头头状。果干燥，有1或2个近球状的分果爿，直径达5.5毫米，肿胀，密被钩毛，果柄直，长可达2.5厘米，较粗，每一爿有1颗平凸的种子。

防治方法

油菜田用旱草灵、禾耐斯、高特克等除草剂。在油菜 4～6 叶期用油欢或保顺清除效果较好。

3. 牛繁缕

属多年生阔叶杂草。高 50～80 厘米，茎自基部分枝，下部伏地生根；叶片对生，叶柄下有上无，叶片呈卵形或宽卵形，全缘；种子略扁，近圆形，有散星状突起，呈深褐色，该草繁殖系数较高，一般单株可产生 1 300 粒以上种子。以有性种子繁殖和无性匍匐茎繁殖为主，种子在 5～25℃时早春萌发，种子深度与油菜种子一直在 3 厘米以内、土壤含水量在 20%～30% 为最适发芽环境，最佳适宜生长湿润环境，种子浸入水中也能正常发芽。

防治方法

（1）控制杂草种子入田人工防除。从种子源头抓紧，严格清除种子生产田中杂草，避免将杂草种子混入种子中，对油菜造成外来杂草的危害。同时用杂草沤制农家肥时，应将含有杂草种子的农家肥，采用薄膜覆盖，高温堆沤 2～4 周后，腐熟成有机肥料，破坏其草籽的发芽力后再用。

（2）结合农事活动进行人工除草。

（3）在北方春油菜区油菜 6～8 叶期、杂草 2～4 叶期，每公顷用 50% 高特克 405～450 毫升，加水 300～450 千克喷雾。或在油菜 4～6 叶期用油欢或保顺喷施，防治效果较好。

4. 野燕麦

一年生草本植物，又称铃铛麦。中国各省均有分布，该属有 34 种。株高 30～150 厘米。须根；茎丛生；叶鞘松弛，叶舌大而透明；圆锥

花序；颖果纺锤形。生命力强，喜潮湿，多发生在田埂、沟渠边和路旁，与作物争夺水、肥、光照与空间，造成覆盖荫蔽。

防治方法

（1）建立种子田，实行水旱轮作、休闲并伏翻灭草。

（2）油菜田可用枯草多等选择性除草剂在苗期喷雾，或在油菜4～6叶期用油欢或保顺清除。

5. 早熟禾

俗称小青草、冷草、小鸡草等。属一年生或禾草植物。茎秆倾斜或直立，质地松软，一般高不超过30厘米，表面无毛平滑。叶舌长1～5毫米，圆头；叶鞘稍压扁，中部以下闭合。在油菜田主要生长在路旁地埂、田野沟或低洼湿地。该草分布较广，属于世界性杂草，需要严加管理控制。

防治方法

（1）控制杂草种子入田。尽量勿使杂草种子或繁殖器官进入作物田，清除地边、路旁的杂草，严格杂草检疫制度，精选播种材料，特别注意国内没有或尚未广为传播的杂草必须严格禁止输入或严加控制，防止扩散，以减少田间杂草来源。用杂草沤制农家肥时，应将农家含有杂草种子的肥料经过用薄膜覆盖，高温堆沤2～4周，腐熟成有机肥料，杀死其发芽力后再用。

（2）结合农事活动，进行机械化清除。通常在各种耕翻、耙、中耕松土等农事活动时，进行播种前、出苗前及各生育期等到不同时期除草，达到直接刈割、铲除或杀死杂草。

（3）全面进行化学除草，在杂草3～4叶期，每公顷用240克/升烯草酮乳油600毫升，对水750千克喷雾；或用50%茶丙酰草胺进行化学防除。

6. 稗 草

　　稗子是一年生草本。秆直立，基部倾斜或膝曲，光滑无毛。叶鞘松弛，下部者长于节间，上部者短于节间；无叶舌；叶片无毛。圆锥花序主轴具角棱，粗糙；小穗密集于穗轴的一侧，具极短柄或近无柄；第一颖三角形，基部包卷小穗，长为小穗的1/3～1/2处，具5脉，被短硬毛或硬刺疣毛，第二颖先端具小尖头，具5脉，脉上具刺状硬毛，脉间被短硬毛；第一外稃草质，上部具7脉，先端延伸成1粗壮芒，内稃与外稃等长。形状似稻但叶片毛涩，颜色较浅。稗子属于恶性杂草。

防治方法

（1）采用芽前封闭除草技术。选择苄嘧·丙草胺（加安全剂）、吡嘧·丙草胺（加安全剂）、丙草胺（加安全剂）等。

（2）春油菜区可在苗后茎叶除草剂可用二氯喹啉酸制剂等。

（3）稗草严重发生时，可用五氟磺草胺每公顷450～750毫升或双草醚每公顷用有效成分45～60克，对水均匀喷雾。

7. 棒头草

常见农田杂草，属一年生草本植物。成株秆丛生，体表无毛光滑，高一般在15～75厘米。叶鞘大都短于或下部者长于节间；叶舌长圆形呈膜质，叶舌长0.3～0.8厘米，顶端有不整齐的裂齿；叶片扁平，微粗糙或下面光滑，叶长2.5～15厘米，宽0.3～0.4厘米。花序较疏松，呈圆锥穗状，长圆形或卵形，具缺刻或有间断，分枝长可达4厘米；

小穗长约 0.25 厘米，呈灰绿色，且部分带紫色；颖长圆形，疏被短纤毛，先端 2 浅裂，芒从裂口处伸出，细直，微粗糙，长 0.1 ~ 0.3 厘米；外稃光滑，长约 0.1 厘米，先端具微齿，中脉延伸成长约 2 毫米而易脱落的芒。颖果椭圆形，1 面扁平，长约 0.1 厘米。是油菜田的主要杂草之一。

防治方法

（1）控制杂草种子入田。首先是尽量勿使杂草种子或繁殖器官进入作物田，清除地边、路旁的杂草，严格杂草检疫制度，精选播种材料，特别注意国内没有或尚未广为传播的杂草必须严格禁止输入或严加控制，防止扩散，以减少田间杂草来源。用杂草沤制农家肥时，应将农家含有杂草种子的肥料经过用薄膜覆盖，高温堆沤 2 ~ 4 周，腐熟成有机肥料，杀死其发芽力后再用。

（2）结合农事活动进行人工除草。一般选择在杂草萌发后或幼苗生长时期直接进行人工拔除、铲除或结合中耕施肥等农耕措施剔除杂草，该技术主要适用于露地栽培模式。

（3）全膜覆盖。利用覆盖、遮光等原理，用塑料薄膜覆盖或播种等方法进行除草。

8. 播娘蒿

属十字花科越年生或一年生草本植物。别名黄花草、米蒿。是北方春油菜区主要田间杂草。茎直立，株高 30 ~ 120 厘米，圆柱形，上部多分枝，全体密生灰色柔毛。叶互生，下部叶具柄，上部无柄，叶狭卵形，长 3 ~ 5 厘米，2 ~ 3 回羽状深裂，末回裂片窄条形或长圆形条状，叶背毛多。总状花序顶生，花浅黄色，直径 2 毫米，4 个萼片直立，外面具叉状细柔毛，4 个花瓣，匙形，长 2 ~ 2.5 毫米。角果长，窄条状，斜展，成熟后开裂。种子长圆形，黄褐色。种子繁殖。

防治方法

（1）结合农事活动进行人工除草。一般选择在杂草萌发后或幼苗生长时期直接进行人工拔除、铲除或结合中耕施肥等农耕措施剔除杂草，该技术主要适用于露地栽培模式。

（2）在油菜 4～6 叶期用油欢或保顺清除。

9.　藜

一年生草本植物，别名灰菜。广布全国各地，是油菜田间主要草害。茎秆直立，一般高在 30～120 厘米，分枝较多，且具有条纹。叶互生有长柄；基部叶片较大，多呈菱状或三角状卵形，边缘具不整齐的浅裂或波状齿；茎上部的叶片较窄，叶背具粉粒。花序圆锥状，两性花，5 个花被片。胞果包于花被内或微露。种子双凸镜形，黑褐色至黑色。藜适应性很强，抗寒耐旱，当温度在 15～25℃时即可发芽，繁殖系数很高，一般一株藜可产生 2 万粒种子，土壤含水量在 20%～30%、籽粒深度在 4 厘米时发芽率较高。

防治方法

（1）结合农事活动进行人工除草。一般选择在杂草萌发后或幼苗生长时期直接进行人工拔除、铲除或结合中耕施肥等农耕措施剔除杂草，该技术主要适用于露地栽培模式。

（2）在油菜 4～6 叶期用油欢或保顺清除。

（3）在油菜全膜覆盖生产区，可采用芽前封闭除草技术，进行清除。除草药剂一般选择乙草胺或氟乐灵按比例喷施，切记喷施 5～7 天后进行播种。

10. 反枝苋

一年生草本植物。别名苋菜、野苋菜。分布区域较广，属于油菜田常见草害。茎直立，高 20～80 厘米，有分枝，密生短柔毛。叶互生有长柄；叶片卵形至椭圆状卵形，先端稍凸或略凹，有小芒尖，两面和边缘具柔毛。花序圆锥状，顶生或腋生，花簇刺毛多；花白色，5 被片，具浅绿色中脉 1 条。胞果扁球形包在花被里，开裂。种子圆形至倒卵形，表面黑色。

主要生长在油菜田、路边或荒地。对环境具有极强的适应性，可以说到处都能生长，但不耐荫，属于喜光照植物，在密植的油菜田中生长发育不好。种子发芽适温 15～30℃，土层内出苗深度 0～5 厘米。

防治方法

（1）结合农事活动进行人工除草。

（2）高棵中耕作物与矮棵密播作物轮作。在作物生育期适时中耕除草3～4次。

（3）可使用2～4滴、25%除草醚、50%扑草净、50%利谷隆可湿性粉剂，或在油菜4～6叶期用油欢或保顺清除。

（4）腐生真菌可导致叶片坏死，植株萎蔫死亡。

11. 龙 葵

属茄科一年生草本植物。别名野葡萄、天宝豆等。分布区域较广，适应性强，属油菜田常见草害。茎秆光滑无毛，子叶宽披针形，初生叶1枚，宽卵形。成株茎直立，分枝多，株高30～100厘米。叶互生有长柄；叶片卵形，全缘或具不规则的波状粗齿，两面光滑或具疏短柔毛。伞形聚伞花序短蝎尾状，腋外生，有4～10朵花，花冠白色，花梗下垂，花萼杯状，5个裂片，裂片卵状三角形，5个雄蕊，生在花冠的管口。浆果球形，成熟时黑色。种子扁平，近卵形。生于农田或荒地。龙葵喜欢生在肥沃的微酸性至中性土壤中，5—6月出苗，7—8月开花，8—10月果实成熟，种子埋在土中，遇雨后长出新的幼苗。

防治方法

（1）结合农事活动进行人工除草。

（2）对食用了龙葵草的家禽粪便要进行充分腐熟，否则会对油菜田产生二次危害。

12. 曼陀罗

属茄科一年生草本植物。分布范围广，是油菜田主要草害。茎粗壮直立，株高 50～150 厘米，光滑无毛，有时幼叶上有疏毛。上部常呈二叉状分枝。叶互生，叶片宽卵形，边缘具不规则的波状浅裂或疏齿，具长柄。脉上生有疏短柔毛。花单生在叶腋或枝权处；花萼 5 齿裂筒状，花冠漏斗状，白色至紫色。蒴果直立，表面有硬刺，卵圆形。种子稍扁肾形，黑褐色。

防治方法

结合农事活动进行人工除草。一般选择在杂草萌发后或幼苗生长时期直接进行人工拔除、铲除或结合中耕施肥等农耕措施剔除杂草，该技术主要适用于露地栽培模式。

13. 马齿苋

属马齿苋科一年生肉质草本植物。别名马齿菜、酱板菜、猪赞头等。广布范围广。茎从基部开始分枝，平卧或先端斜上。全体无毛状物。叶互生或假对生，近无柄或极短，叶片倒卵形全缘。花3～5朵簇生在枝顶，无梗，黄色，5个花瓣，4～5个苞片，2个萼片。蒴果圆锥形，盖裂。种子黑褐色，肾状卵形。主要以湿润肥沃的农田、地埂、路旁等为载体进行寄主。当温度在20～30℃时种子发芽，具有一定的抗旱能力，主要以有性种子繁殖和无性断枝繁殖，繁殖系数较高，一般每株可生产上万粒种子。

防治方法

（1）结合农事活动进行人工除草。一般选择在杂草萌发后或幼苗生长时期直接进行人工拔除、铲除或结合中耕施肥等农耕措施剔除杂草，该技术主要适用于露地栽培模式。

（2）用油欢或保顺进行化学清除。

14. 荠

十字花科越年生或一年生草本植物。分布范围广，是油菜田主要草害。茎秆直立，株高 20～50 厘米，有分枝，全株具毛。叶分根生叶和茎生叶两种。前生，具柄，叶片有羽状深裂，有的具浅裂或不裂；茎生叶披针形，基部包茎，边缘生缺刻。总状花序顶生，花小有柄，萼片 4 个，长椭圆形，花瓣 4 片白色，倒卵形排列成十字。短角果为倒三角形，扁平，含种子多粒。以种子繁殖。主要生长在油菜田和地埂路边。

防治方法

结合农事活动进行人工除草。一般选择在杂草萌发后或幼苗生长时期直接进行人工拔除、铲除或结合中耕施肥等农耕措施剔除杂草，该技术主要适用于露地栽培模式。

第六章
春型双低油菜品种简介

1. 圣光 401

选育单位

华中农业大学、武汉联农种业科技有限责任公司。

品种来源

以 206A 为母本，R-15 为父本组配的杂交种。

特征特性

甘蓝型春油菜。全生育期为 116 天左右。幼苗直立，子叶肾脏形，叶圆形、淡绿色，顶叶较大，有裂叶 2～3 对。茎绿色，株高 158.8 厘米，株型紧凑，分枝部位 73.3 厘米，一次有效分枝 3.9 个。主花序长 61 厘米左右，黄花，花瓣重叠。全株角果数 135 个，每果粒数 28.5 粒，种子黑褐色，近圆形，千粒重 3.5 克。含粗脂肪 44.17%，芥酸 0.292%，硫苷 3.64 微摩尔 / 克。中抗菌核病。

产量表现

在 2012—2013 年甘肃省油菜品种区域试验中，平均亩产 213.87 千克，比对照青杂 5 号增产 9.64%，2014 年生产试验平均亩产 255.78 千克，比对照青杂 5 号增产 3.98%。

栽培要点

4月上中旬播种，亩播种量 0.25～0.3 千克，亩保苗 2.5 万～3.5 万株。施肥，每亩施用 50 千克油菜专用肥 + 硼肥 0.5～1 千克（持力硼 200 克）或碳铵 40 千克 + 过磷酸钙 50 千克 + 硼肥 0.5～1 千克（持力硼 200 克）；并视苗情在蕾苔期和角果期灌水时亩追施尿素 2.5～5 千克。苗期加强防治跳甲和叶蛆，花期注意防治蚜虫和菌核病。

适宜范围

适宜在甘肃省海拔 2 600 米以下春油菜区种植。

2. 华油杂 63 号

选育单位

华中农业大学。

品种来源

以 6-P10A 为母本，Bn409 为父本组配的杂交种，原代号 06-L-3。

特征特性

甘蓝型春油菜。生育期为 116～120 天，比对照青杂 5 号早熟 1～3 天。苗期叶色浓绿，叶片缺刻较深，株高 130～135 厘米，角果粒数 25～27 粒，种子褐黄色。千粒重 3.3～3.8 克。含油量 46.06%，芥酸 0.111%，硫苷 3.43 微摩尔 / 克。中抗菌核病和霜霉病。

产量表现

在 2012—2013 年甘肃省油菜品种区域试验中，平均亩产 221.32 千克，比对照青杂 5 号增产 13.46%，2014 年生产试验平均亩产 245.22 千克，比对照青杂 5 号减产 0.31%。

栽培要点

4月初至5月上旬播种，亩播种量0.4～0.5千克。每亩保苗4万～6万株。底肥每亩施磷酸二胺20千克、尿素3～5千克。追肥苗期(4～5叶)亩施尿素3～5千克。苗期注意防治跳甲和茎象甲，花角期注意防治小菜蛾、蚜虫、角野螟等害虫。

适宜范围

适宜在甘肃省春油菜区种植。

3. 陇油13号

选育单位

甘肃省农业科学院作物研究所。

品种来源

以24A为母本，c6为父本组配的杂交种，原代号08春油27。

特征特性

生育期为103～118天，属晚熟品种。苗期叶片大，叶色淡绿，花芽分化较早，显蕾抽薹快，花瓣大而平，花期集中，株型紧凑。株高128厘米左右，一次有效分枝数4～8个，单株角果数160个左右，角粒数26粒，千粒重3.8克。芥酸0.59%、硫苷18.11微摩尔/克，含油率44.76%。陇油13号菌核病病株率为21%，病情指数为6.29，表现低抗。

产量表现

2011—2012年在永登、渭源、天祝、民乐、临夏、漳县进行的甘肃省春油菜区域试验中，平均折合亩产量256.73千克，较对照品种青杂5号增产3.22%。2013年在永登、民乐、渭源、临夏、天祝、甘南、漳县进行的甘肃省春油菜生产试验中，平均折合亩产量 182.3 千克，较对照品种青杂 5 号增产 9.22%。

栽培要点

适期早播。合理密植，一般亩播种量为 0.3～0.5 千克种子，亩保苗 2 万～3.2 万株。

适宜范围

适宜在甘肃省张掖、武威、定西、临夏、兰州等春油菜主产区种植。

4. 阳光 85

选育单位

中国农业科学院油料作物研究所、张掖市农业科学研究院。

品种来源

以细胞质不育系 A4 为母本，P143 为父本组配的杂交种，原代号 YG85。

特征特性

甘蓝型春性杂交种。幼苗半直立，叶色深绿，株高 128 厘米。匀生分枝，分枝高度 44 厘米，全株有效分枝数 6 个，主花序有效长度 50 厘米，花瓣黄色，花冠椭圆形，花瓣侧叠。单株有效角果数 185.2 个，每角粒数 25 粒。籽粒黑色，千粒重 3.5 克。含芥酸 0.1%，硫苷 28.13 微摩尔 / 克，含油率 45.28%。生育期为 124 天。抗病性，经田间自然发病调查，中感菌核病。

产量表现

在 2009—2010 年甘肃省春油菜品种区试中，平均亩产 214.73 千克，比对照陇油 5 号增产 11.59%；2012 年生产试验，平均亩产 201.52 千克，较青杂 5 号增产 7.7%。

栽培要点

3 月下旬—4 月上旬播种，亩保苗 3 万～4 万株。

适宜范围

适宜在甘肃省天祝、临夏、渭源等地种植。

5. 国豪油 7 号

选育单位

四川国豪种业股份有限公司。

品种来源

以绵 11MA-2 为母本，绵恢 01-518 为父本组配的杂交种，原代号绵杂 06-74。

特征特性

甘蓝型。苗期半直立，叶片绿色，叶缘浅锯齿。茎秆绿色，株高 145 厘米，分枝部位 54.1 厘米，匀生分枝，一次分枝 5.1 个，二次分枝数 2.5 个，主花序长 64.8 厘米，花瓣黄色。全株角果数 190.7 个，每角粒数 24.3 粒，千粒重 3.5 克。含芥酸 0.6%，硫苷 34.88 微摩尔/克，含油率 43.24%。生育期 107.5 天。抗病性，经田间自然发病调查，感菌核病。

产量表现

在 2010—2011 年甘肃省春油菜品种区域试验中,平均亩产 240.55 千克,比对照增产 5.56%。2011 年生产试验,平均亩产 229.78 千克,比对照青杂 5 号增产 5.49%。

栽培要点

适期播种,种植密度每亩 3 万～4 万株。

适宜范围

适宜在甘肃省民乐、天祝、永登、临夏、渭源等地种植。

6. 冠油杂 812

选育单位

武汉天益种业科技有限责任公司。

品种来源

以 9511A 为母本、3219R 为父本配制的杂交种,原代号 H812。

特征特性

甘蓝型偏春性品种。子叶肾脏形,幼苗半直立,幼叶椭圆形,叶色淡绿,有裂叶 2～3 对。株高 131 厘米,株型紧凑,匀生分枝,有效分枝部位 48 厘米,一次有效分枝 5 个,主花序长 52.7 厘米,主花序有效角果数 36.2 个,角果长度 6.6 厘米;每角粒数 27.7 粒;种子褐色,近圆形。千粒重 3.8 克,含芥酸 0.1%,硫苷 27.76 微摩尔 / 克,含油率 45.66%。全生育期 108 天。抗病性,经田间自然发病调查,中感菌核病。

产量表现

在 2010—2011 年甘肃省春油菜品种区试中，平均亩产 236.31 千克。比对照增产 1.73%；2012 年生产试验，平均亩产 197.77 千克，比对照青杂 5 号增产 5.69%。

栽培要点

3 月下旬—4 月上旬播种；播种时用 5% 甲拌磷 2 千克与种子、种肥混匀后条播，行距 28～30 厘米，播深 3～4 厘米；施肥，应亩施有机肥 4 立方米以上，尿素 15 千克（其中 7.5 千克做底肥，2.5 千克做种肥），二铵 15 千克（其中 12.5 千克做底肥，2.5 千克做种肥）。

适宜范围

适宜在甘肃省民乐、天祝、永登、临夏、渭源等地种植。

7. 圣光 901

选育单位

华中农业大学、武汉联农种业科技有限责任公司。

品种来源

以 8110A 为母本，6105R 为父本组配的杂交种。

特征特性

甘蓝型，春性。幼苗直立，子叶肾脏形，苗期叶圆形，叶淡绿色，有裂叶 2～3 对。茎绿色，株型紧凑，株高 143.8 厘米，分枝部位 51 厘米，一次有效分枝 4.1 个。主花序长 58 厘米左右，黄花，花瓣重叠。全株角果数 151 个，每角粒数 27.8 粒，种子黑褐色，近圆形，千粒重

3.3 克。含芥酸 0.1%，硫苷 34.97 微摩尔 / 克，含油率 43.64%。全生育期 115 天左右。抗病性，经田间自然发病调查，中感菌核病。

产量表现

在 2010—2011 年甘肃省春油菜品种区试中，平均亩产 242.8 千克，比对照增产 4.480%。2012 年生产试验，平均亩产 191.06 千克，比对照青杂 5 号增产 2.11%。

栽培要点

4 月上中旬播种，播种量 0.25～0.3 千克，亩保苗 12 000～18 000 株。花期注意防治蚜虫和菌核病。

适宜范围

适宜在甘肃省民乐、天祝、永登等地种植。

8. 陇油 11 号

选育单位

甘肃省农业科学院作物研究所。

品种来源

由自育的不育系 8A（保持系 8B）和恢复系 C19 配制而成的杂交种，原代号 819。

特征特性

甘蓝型春油菜三系杂交种，生育期为 103～110 天。叶片大，叶色淡绿，花芽分化早，显蕾抽薹快，花瓣大而平，花期集中，株型紧凑，株高 151 厘米左右，分枝部位 46 厘米，总分枝数 8～13 个，主花序有效长度 62 厘米，单株果数 285～547 个，角粒数 24.6 粒，千粒重 3.20 克。含油量 45.95%，芥酸含量 0.33%，硫甙含量 10.5 微摩尔 / 克。经田间调查抵抗油菜菌核病。

产量表现

在 2010—2011 年甘肃省油菜品种区域试验中，平均亩产 250.67 千克，较对照增产 7.95%，2011 年甘肃省春油菜生产试验中，平均亩产 227.55 千克，较对照青杂 5 号增产 5.36%。

栽培要点

河西地区于 4 月上旬播种，河东地区于 3 月中下旬播种。河西地区每亩留苗密度以 2.5 万～3.5 万株 / 亩为宜。基肥以有机肥和复合肥为主，追肥以 N 肥为主。苗期害虫防治以播前用甲拌磷拌种效果最佳，苔花期用 40% 乐果和敌杀死混合 1 000 倍喷雾 2～3 次即可防治蚜虫、菜青虫。一般 70% 角果呈枇杷黄色时及时收获。

适宜范围

适宜在甘肃省张掖、武威、定西、临夏、兰州等春油菜主产区种植。

9. 甘南 5 号

选育单位

甘南藏族自治州农业科学研究所。

品种来源

以 636 为母本，9 繁 6 为父本（父母本均从青海省春油菜研究中心引进）杂交选育而成，原代号 9612-2-1。

特征特性

白菜型春油菜，生育期为 104～107 天，属早熟类型。幼苗半直立，叶色浅绿色，无叶柄，薹茎叶叶柄全包茎秆。花瓣重叠，花黄色。株型扫帚型，株高 119 厘米，总有效分枝数 2.6 个，单株有效角果数 45.8 个，每角粒数 21 粒，千粒重 2.64 克，种子形状不规则球形，种皮色泽褐色。含油量 45.66%，芥酸含量 26.75%，油酸 30.26%，亚油酸 17.37%，亚麻酸 10.67%，硫甙 34.9 微摩尔/克。田间调查菌核病自然发病机率为 0.85%，高抗菌核病。

产量表现

在 2006—2007 年甘南藏族自治州油菜区域试验中，平均亩产 118.7 千克，比甘南 4 号增产 17.7%，比青油 241 增产 13.1%；2007—2009 年在藏族自治州生产试验中，平均亩产 131.4 千克，较当地小油菜增产 29.8%。

栽培要点

甘南地区 4 月上旬播种，每亩播种量 1.25～1.5 千克，最佳成株数 9 万～12 万株为宜。基肥应亩施农家肥 1 500～2 000 千克，磷酸二铵 20 千克，尿素 10 千克，在苗期亩追施尿素 2.5 千克。适时收获，及时打碾。

适宜范围

适宜在甘肃省甘南高海拔 2 700～3 200 米的区域种植。

10. 陇油 10 号

选育单位

甘肃省农业科学院作物研究所。

品种来源

以自育细胞质雄性不育系 10A 为母本、恢复系 C20 为父本配制的杂交种，原代号 L6。

特征特性

属甘蓝型春油菜杂交种，生育期为 92～113 天。株高 126 厘米左右，一次有效分枝数 5～8 个，单株角果数 230 个左右，角粒数 26 粒，千粒重 3.0 克。芥酸含量 0.18%，硫苷含量 16.92 微摩尔 / 克，含油率 43.14%。田间调查菌核病发病率和病情指数分别为 24.%、7.5%，相对于陇油 5 号表现为低抗。

产量表现

2009—2010 年甘肃省春油菜区域试验平均亩产 213.68 千克，较对照陇油 5 号增产 11.1%。在 2010 年生产试验中平均亩产 218.6 千克，较对照增产 13.2%。

栽培要点

河西地区 4 月上旬播种，河东地区在 3 月中下旬播种。亩留苗密度以 2.5 万～3.5 万株 / 亩为宜。播前用甲拌磷拌种以防治苗期害虫，薹花期用 40% 乐果和敌杀死混合 1 000 倍喷雾 2～3 次可防治蚜虫、菜青虫。

适宜范围

适宜在甘肃省张掖、武威、定西、临夏等地种植。

11. 华湘油 14 号

选育单位

湖南亚华种业科学研究院。

品种来源

用核不育系 S017A 与恢复系 N14 配制的杂交种，原代号 K706。

特征特性

属甘蓝型半冬性中早熟杂交种，生育期为 115 天。子叶肾脏形，幼苗半直立，叶色常绿，基叶为裂叶，裂片 2～3 对。薹茎绿色，较粗壮。株高 120.8 厘米，分枝部位 37 厘米，一次有效分枝数 5.0 个，主花序长度 49.8 厘米，全株有效角果数 187.1 个，每角粒数约 25.01 粒，千粒重 3.26 克。经品质检测，芥酸含量为 1.69%，饼粕硫苷含量为 9.85 微摩尔 / 克，含油量为 41.5%。田间调查菌核病发病率和病情指数分别为 44.0%、12.5%，相对陇油 5 号表现为低感。

产量表现

2009—2010 年甘肃省春油菜区域试验平均亩产 212.5 千克，比对照陇油 5 号增产 10.4%，2010 年生产试验平均亩产 209.96 千克，比对照陇油 5 号增产 8.71%。

栽培要点

直播栽培时，结合当地气温和季节特点适时播种，每亩播种量约 0.5 千克。五叶期定苗，每亩留苗 2.4 万～3 万株。

适宜范围

适宜在甘肃省张掖、武威、定西、临夏等地种植。

12. 莒油 192

选育单位

山东莒县农业新技术研究所。

品种来源

以 C285a 为母本、D192 为父本配制的杂交种,原代号莒杂油 192 号。

特征特性

甘蓝型核不育春油菜杂交种,生育期为 114 天。叶色较深,株高 136 厘米、分枝部位 59.3 厘米,一次分枝 4 个,主花序有效长度 47.3~62.3 厘米,结夹数 43.3~58.9 个,角果长度 6.5~7 厘米,全株有效结角数 92.2~168 个,角粒数 25.8~26.37 个,种子黑褐色,千粒重 3.5 克,芥酸含量 2.94%、硫苷含量 9.00 微摩尔/克,含油率 41.17%。田间调查菌核病发病率和病情指数分别为 28%、11.5%,表现低感。

产量表现

2008—2009 年甘肃省春油菜区试,平均亩产 234.22 千克,比对照陇油 5 号增产 9.2%;2010 年生产试验平均亩产 204.57 千克,较对照陇油 5 号增产 5.92%。

栽培要点

适时早播,亩播量 0.75 千克,亩保苗 3.5 万株左右。

适宜范围

适宜在甘肃省张掖、武威、定西、临夏等地油菜菌核病轻发区种植。

13. 蓝海油 3 号

选育单位

绵阳蓝海油菜研发有限公司。

品种来源

以 E9AB-4-2 为母本、NR49 为父本配制的杂交种，原代号 EN05-14。

特征特性

甘蓝型，全生育期为 119 天。株高 132.4 厘米，分枝部位高 50.4 厘米，一次有效分枝数 3.4 个，单株有效角果数 113.1 个，每角粒数 7.8 粒，千粒重 3.8 克，种皮黑褐色。芥酸含量为 1.41%，硫苷含量为 11.14 微摩尔 / 克，含油率为 42.3%。田间调查菌核病发病率和病情指数分别为 28%、10.0%，相对陇油 5 号表现为低抗。

产量表现

在 2008—2009 年甘肃省区试中，平均亩产 241.69 千克，比对照陇油 5 号增产 13.91%。2010 年生产试验，平均亩产 218.89 千克，比对照陇油 5 号增产 13.33%。

栽培要点

4 月上、中旬播种。每亩用种量 0.5 千克。每亩留苗 3.3 万～3.8 万株。一般亩施纯氮 11～13 千克、P_2O_5 5～7 千克、K_2O 10～12 千克、硼砂 0.75～1 千克。及时防治跳甲、茎象甲、小菜蛾、菜青虫、蚜虫等，初花期防菌核病。

适宜范围

适宜在甘肃省春油菜区种植。

14. 中油 510

选育单位

中国农业科学院油料作物研究所、张掖市农业科学研究所。

品种来源

由波里马细胞质雄性不育系 1055A 与恢复系 Y6303 配制的杂交种，原代号 0510。

特征特性

甘蓝型，全生育期平均为 117 天。苗期半直立，叶色淡绿，无蜡粉，叶片长度中等，侧叠叶 4 对，裂叶深，叶脉明显，叶片边缘有小齿，波状。花瓣黄色，花瓣长度中等，较宽，呈侧叠状。上生分枝类型，植株较紧凑，株高 124.4 厘米，分枝部位 53.6 厘米左右，一次分枝数 5.6 个左右。单株有效角果数 156.6 个左右，每角粒数 21.92 粒，种子深褐色。千粒重 3.2 克。硫甙含量 15.64 微摩尔 / 克，芥酸含量 0.13%，含油量 42.32%。田间调查菌核病病株率为 24%，病情指数为 9.0，相对陇油 5 号表现低抗。

产量表现

2009—2010 年参加甘肃省春油菜区域试验，平均亩产 216.41 千克，较对照陇油 5 号增产 12.48%。

栽培要点

3—4 月份播种，每亩用种 0.4～0.5 千克，保苗 2.2 万～3.0 万株。油菜初花期一周内喷施灰核宁，用量每亩 100 克灰核宁对水 50 千克喷施。

适宜范围

适宜在甘肃省张掖、武威、定西、临夏等地种植。

15. 绵油 88

选育单位

绵阳市农业科学研究所。

品种来源

用不育两系不育系绵 103AB 与恢复系绵恢 98-4034 杂交选育而成，原代号为绵杂 0404。

其他审定情况：2009 年通过四川省审定。

特征特性

属甘蓝性两系杂交春油菜，全生育期为 112～118 天。苗期，叶缘浅锯齿，半直立，茎和叶有蜡粉无刺毛。蕾苔期，株高 124.4～149.3 厘米，分枝部位 29.7～53.26 厘米，一次分枝 5.1～6 个。花期茎绿色上部略带紫色。主花序长 43.22～80.3 厘米，花黄色。全株有效角果 153～188.5 个，角果长度 6.6～7.2 厘米，角果粒数 27～28.3 粒，千粒重 3.84～4.2 克，含芥酸 0.013%，硫苷 22.49 微摩尔/克，含油率 49.55%。田间调查对菌核病表现为中感。

产量表现

在 2007—2008 年甘肃省油菜品种区域试验中，平均亩产 249.81 千克，较对照增产 16.59%。2009 年参加了甘肃省油菜品种生产试验，平均亩产 218.23 千克，比对照增产 13.65%。

栽培要点

春油菜区播期在 4 月中旬左右。用种量为 0.4～0.5 千克，亩留苗 1.2 万～1.8 万株。氮、磷、钾、硼肥合理搭配，亩施氮 12 千克左右，N：P：K 为 1：0.5：0.5，硼肥 1 千克左右，深施作底肥，干旱地区在初花前叶面喷施一次硼肥。看苗情追施一次尿素（5 千克左右）。注意防病治虫，在整个生育阶段看苗治虫，初花期防病。

适宜区域

适宜在甘肃省漳县、天祝、临夏、渭源、民乐等地种植。

16. 圣光 402

选育单位

华中农业大学、武汉联农种业科技有限责任公司。

品种来源

用不育系 206A 与恢复系 p61-2 杂交选育而成，原代号圣光 402。

特征特性

属春性甘蓝型温敏型波里马细胞质雄性不育两系杂交种，全生育期为 115 天左右。幼苗直立，子叶肾脏形，苗期叶圆叶型，有腊粉，叶深绿色，顶叶中等，有裂叶 2～3 对。茎绿色，黄花，花瓣相互重叠。株高 136.4 厘米，分枝部位 46.5 厘米，一次有效分枝 4.9 个。主花序长 60 厘米左右，主花序角果数 46.4 个，结荚密度 0.77 个，全株角果数 193.9 个，每果粒数 26 粒，种子黑褐色，近圆形，千粒重 3.4 克。芥酸含量为 0.042%，硫苷含量为 11.78 微摩尔 / 克，含油率为 48.59%。田间调查菌核病发病率为 13%，病情指数为 4.0，相对陇油 5 号表现中感。

产量表现

2008—2009 年甘肃省春油菜品种区试两年 12 点，平均亩产 245.10 千克，比对照陇油 5 号增产 18.07%。在 2009 年生产试验中，平均亩产 216.83 千克，比对照陇油 5 号增产 12.92%。

栽培要点

4 月上中旬播种，播种量 0.25～0.3kg，种植密度 13 000～17 000 株 / 亩。施足底肥，每亩用 50 千克油菜专用肥 + 硼肥 0.5～1 千克（持力硼 200 克）或碳铵 40 千克 + 过磷酸钙 50 千克 + 硼肥 0.5～1 千克（持力硼 200 克）；及时追肥，视苗情在蕾苔期和角果期灌水是追施尿素 2.5～5 千克。苗期加强防治跳甲和叶蛆，花期注意防治蚜虫和菌核病。

适宜范围

适宜在甘肃省漳县、民乐、临夏等 2 600 米以下有灌溉条件的春油菜地区种植。

17. 秦杂油 3 号

引进单位

甘肃省农业科学院啤酒原料研究所。

品种来源

引进陕西省杂交油菜研究中心育成的双低雄性不育三系杂交种，其组合为：雄性不育系陕 3A × 雄性不育恢复系春 K101。

特征特性

属甘蓝型、春性、"双低"三系杂交种。在春油菜区生育期为 121 天，株高 162 厘米，分枝部位 73.45 厘米，总分枝 57 个，结角密度 0.82，全株有效结角数 158.8 个，角果长 7.62 厘米，角粒数 31.2，千粒重 3.05 克，单株生产力 14.49 克，籽粒黑褐色。含油率 45.8%，芥酸含量 0.09%，硫苷 6.86 微摩尔 / 克，田间成株期菌核病发病率 8.0%。

产量表现

2007—2008 年参加省区试，两年 12 点次 10 点增产平均亩产 254.15 千克，较对照陇油 5 号增产 16.1%。2008 年生产试验，平均亩产 244.53 千克，较对照陇油 5 号增产 11.7%。

栽培要点

适期早播，中部高寒区三月中、下旬播种为宜，河西地区 4 月上旬播种为宜。中部高寒区亩保苗 2.5 万～3.0 万株，河西地区保苗 3.5 万～4.0 万株。亩播量 0.75 千克，播深 2～3 厘米。田间 2～3 片真叶间苗，4～5 片真叶定苗。

适宜范围

适宜于甘肃河西冷凉灌区、洮岷阴湿区种植。

18. 青杂 2 号（303）

选育单位

青海省农林科学院春油菜研究所。

品种来源

以 105A 为母本，303R 为父本杂交组配而成的杂交种，区试代号 303，2000 年通过青海省农作物品种审定委员会审定，定名为青杂 2 号，品种合格证号为青种合字第 0151 号。2003 年通过国家农作物品种审定委员会审定，审定编号为国审油 2003020。

特征特性

青杂 2 号属春性甘蓝型细胞质雄性不育三系杂交油菜品种，海拔 2 600 米左右区域全生育期约 140 天，与对照青杂一号相当。该品种子叶呈心脏形，幼茎微紫色，心叶绿色，无刺毛；抽薹前生长习性半直立，缩茎叶为浅裂、色绿、叶肪白色，长柄叶叶缘锯齿、蜡粉少，薹茎叶披针形、无叶柄、叶基半抱茎；株高 158 厘米，分枝部位 50 厘米，一次有效分枝 8 个，二次分枝 8 个。花黄色，花冠椭圆形，花瓣形状侧叠、平展；角果长 7.5 厘米，果喙长 1.3 厘米，籽粒黑褐色。单株有效角果数 200 个，每角粒数 20 粒，千粒重 3.8 克。含油量 45.2%，芥酸含量 0.65%，硫甙含量 27.8 微摩尔 / 克，抗旱性中等，耐寒性较强，抗倒伏中等。

产量表现

1998 年参加春油菜组油菜品种区域试验，平均亩产 219.9 千克，比青杂一号增产 3.90%；1999 年续试，平均亩产 210.7 千克，比青杂一号增产 13.20%；两年区试平均亩产 215.3 千克，比对照青杂一号增产 7.30%。2000 年参加春油菜组生产试验，平均亩产 170.4 千克，比对照青杂一号增产 6.53%；2001 年续试，平均亩产 167.8 千克，比对照增产 7.88%，两年生试平均亩产 169.2 千克，比对照平均增产 7.20%。

栽培要点

本品种要求土壤疏松，肥力中上，在浅山旱地适时多用磷肥，在水地氮肥用量比一般品种稍大些，N：P=1：0.93；水地适宜播期为 3 月下旬至 4 月中旬，旱地为 4 月中旬至 4 月下旬，条播，播种量 0.35～0.40 千克 / 亩，播种深度 3～4 厘米，株距 29 厘米，每亩保苗 1.30 万～3.00 万株 / 亩，成株数 1.00 万～2.00 万株 / 亩；田管要求出苗期注意防治跳甲和茎象甲，及时间苗，4～5 叶期至花期要及时浇水、追肥，种肥每亩施纯氮 4.6 千克，五氧化二磷每亩 2.65 千克，追肥每亩施纯氮 4.6 千克，角果期注意防治蚜虫。

适宜地区

适宜在甘肃、内蒙古、新疆、青海等地无霜期较长的地区推广种植。

19. 青杂 3 号（E144）

选育单位

青海省农林科学院春油菜研究所。

品种来源

青海省农林科学院春油菜研究所以波利马细胞质雄性不育系 144A 为母本，恢复系 482-1 为父本杂交组配而成，区试代号 E144，2001 年通过青海省农作物品种审定委员会审定，定名为青杂 3 号，品种合格证号为青种合字第 0163 号，2003 年通过国家农作物品种审定委员会审定，审定编号为国审油 2003019。

特征特性

青杂 3 号属甘蓝型细胞质雄性不育三系春性特早熟杂交油菜品种，海拔 2 800 米左右区域全生育期约 125 天，比对照青油 241 迟熟 8～10 天。株高 146.0～151.0 厘米，有效分枝部位 21～25 厘米，一次有效分枝数 5～6 个，二次分枝数 6～8 个，主花序长 65～71 厘米，角果长 7～8 厘米，单株有效角果数 166～203 个，单株产量 8～10 克，每角粒数 27 粒，千粒重 3.6 克，籽粒中含油量 41.45%，油中芥酸含量 0.75%，硫甙含量 20.76 微摩尔 / 克。子叶呈心脏形、幼茎绿色、心叶绿色、无刺毛。抽薹前生长习性半直立。缩茎叶为浅裂、色绿、叶脉白色、长柄叶，叶缘锯齿，蜡粉少。薹茎叶披针形，无叶柄，叶基半抱茎，薹茎绿色。单株主茎上绿叶数 12～13 片。最大叶长 30～31 厘米，宽 8～9 厘米。植株呈帚形，匀生分枝。属春性特早熟甘蓝型。

产量表现

2000—2001 年度参加春油菜早熟组油菜品种区域试验，平均亩产 154.7 千克，比对照青油 241 增产 48.09%；2001—2002 年度续试，平均亩产 157.3 千克，比对照平均增产 31.59%；两年区试平均亩产 156.0

千克，比对照增产 39.29%。2002—2003 年度参加春油菜早熟组生产试验，平均亩产 160.5 千克，比对照青油 241 增产 45.17%。

栽培要点

适时早播。在北方春油菜白菜型油菜产区一般播期为 4 月中旬至 4 月下旬，条播，播种量 0.4～0.5 千克 / 亩，播种深度 3～4 厘米，株距 15～20 厘米。

合理密植。每亩保苗 3.00 万～4.00 万株，成株数 2.80 万～3.80 万株 / 亩。

田间管理。要求土壤疏松，肥力中上，重施底肥，早施追肥，施叶面肥，适时多用磷肥，氮肥用量比一般品种大。N：P=1：0.93。一般亩施有机肥 2.5～3.0 立方米，尿素 10～12 千克，二铵 10～12 千克。抓好"三早"早松土锄草、早间苗、早定苗，4～5 叶期至花期要及时浇水、追肥，底肥每公顷施纯 N4.60 千克 / 亩，五氧化二磷 2.67 千克 / 亩；追肥 4.60 千克 / 亩。出苗期注意防治跳甲和茎象甲，角果期要注意防治蚜虫，适时收获。

适宜地区

适宜在青海、新疆、甘肃、内蒙古、黑龙江等省春油菜地区部分白菜型油菜产区种植。

20. 青杂 5 号（305）

选育单位

青海省农林科学院春油菜研究所。

品种来源

青海省农林科学院春油菜研究所以波利马细胞质雄性不育系 105A

为母本，恢复系 1831R 为父本杂交组配而成，区试代号 305，2006 年通过国家农作物品种审定委员会审定，定名为青杂 5 号，审定编号为国审油 2006001。

特征特性

该品种为甘蓝型春性质不育三系杂交种。海拔 2600 米左右区域全生育期为 142 天左右。幼苗半直立，叶色深绿，有裂叶 2～3 对，叶缘波状，腊粉少，无刺毛。花瓣黄色，花冠椭圆形，花瓣侧叠。株高 171 厘米左右，分枝部位 62 厘米左右，匀生分枝。平均单株有效角果数 221.2 个，每角粒数 25.7 粒，千粒重 3.9 克。区域试验中田间调查病害结果：菌核病平均发病率 15.05%，病指 6.47%，抗性优于青杂 1 号和青油 14 号。全国区试统一抽样，经农业部油料及制品质量监督检验测试中心检测：两年平均芥酸含量 0.25%，硫苷含量 18.56 微摩尔 / 克，含油量 45.23%。

产量表现

2003 年参加春油菜品种区域试验，平均亩产 252.75 千克，比对照青杂 1 号增产 4.92%，比对照青油 14 号增产 18.46%；2004 年续试，平均亩产 252.45 千克，比对照青杂 1 号增产 12.25%，比对照青油 14 号增产 23.48%；两年区试平均亩产 252.6 千克，比对照青杂 1 号增产 8.46%，比对照青油 14 号增产 20.91%。2005 年生产试验，平均亩产 218.77 千克，比对照青油 14 号增产 22.17%。

栽培要点

适时早播。适宜播期为 3 月下旬至 4 月下旬，条播，每亩播种量 0.35～0.50 千克。

合理密植。播种深度 3～4 厘米，株距 25-30 厘米，每亩保苗 1.5 万～2.5 万苗。

田间管理。每亩底施磷酸二胺 20 千克、尿素 4～5 千克。及时苗、定苗。苗期（4～5 叶期）追施尿素每亩 6～8 千克。

防虫治虫。苗期注意防治跳甲和茎象甲，角果期注意防治蚜虫。

适宜地区

适宜在内蒙古、新疆及甘肃、青海两省低海拔地区春油菜主产区种植。

21. 青杂 6 号（402）

选育单位

青海省农林科学院春油菜研究所。

品种来源

青海省农林科学院春油菜研究所以波利马细胞质雄性不育系 105A 为母本，恢复系 1842R 为父本杂交组配而成，区试代号 402，2008 年通过国家农作物品种审定委员会审定，定名为青杂 6 号，审定编号为国审油 2008021。

特征特性

该品种为甘蓝型春性波里马细胞质雄性不育三系杂交种，青海省海拔 2 600 米左右区域全生育期约 140 天，与对照青杂 2 号相当。幼苗半直立，叶色深绿，有裂叶 2～3 对，叶缘波状，蜡粉少，无刺毛。花瓣黄色，花冠椭圆形，花瓣侧叠。匀生分枝类型，杆硬抗倒，平均株高 180.9 厘米，分枝部位 73.65 厘米，有效分枝数 8.25 个。平均单株有效角果数 209.38 个，每角粒数 25.56 个，千粒重 3.80 克。区域试验田间调查，菌核病发病株率 4.28%，病指 1.53%，抗（耐）菌核病性较强。经农业部油料及制品质量监督检验测试中心检测，平均芥酸含量 0.1%，饼粕硫甙含量 20.6 微摩尔 / 克，含油量 47.39%。

产量表现

2005 年全国春油菜区试，平均亩产为 250.74 千克，比对照青油 14 号增产 15.51%。2006 年区试，平均亩产为 233.82 千克，比对照青杂 2 号增产 10.93%。2006 年生产试验，平均亩产为 219.97 千克，比对照青杂 2 号增产 7.73%。

栽培要点

适时早播。适宜播期为 3 月下旬至 4 月下旬，条播，播种量为 0.35～0.50 千克 / 亩。

合理密植。播种深度 3～4 厘米，株距 25～30 厘米，每亩保苗 1.50 万～2.50 万株 / 亩。

田间管理。底肥每亩施磷酸二胺 20 千克、尿素 4～5 千克。及时间苗、定苗，浇水。苗期（4～5 叶期）追施尿素每亩 6～8 千克。

防虫治虫。苗期注意防治跳甲和茎象甲，角果期注意防治蚜虫。

适宜地区

适宜在青海省、甘肃省低海拔地区、内蒙古自治区、新疆维吾尔自治区的春油菜主产区推广种植。

22. 青杂 7 号（249）

选育单位

青海省农林科学院春油菜研究所。

品种来源

青海省农林科学院春油菜研究所以波利马细胞质雄性不育系 144A 为母本，恢复系 1244R 为父本杂交组配而成，区试代号 249。2009 年通过青海省农作物品种审定委员会审定，定名为青杂7号，审定编号为青审油2009001，2011年通过国家农作物品种审定委员会审定，定名为青杂7号，审定编号为国审油2011030。

特征特性

甘蓝型春性细胞质雄性不育三系杂交种，青海省海拔2800米左右区域全生育期约128天。幼苗半直立，缩茎叶为浅裂、绿色，叶脉白色，叶柄长，叶缘锯齿状，腊粉少，苔茎叶绿色、披针形、半抱茎，叶片无刺毛。花黄色。种子深褐色。株高136.5厘米，一次有效分枝数4.1个，单株有效角果数为139.1个，每角粒数为28.3粒，千粒重为3.81克。菌核病发病率13.07%、病指为3.13%，经农业部油料及制品质量监督检验测试中心检测，平均芥酸含量0.4%，饼粕硫苷含量19.25微摩尔/克，含油量48.18%。

产量表现

2009年参加春油菜高海拔、高纬度地区早熟组区域试验，平均亩产186.9千克，比对照青杂3号增产9.0%；2010年续试，平均亩产220.3千克，比对照增产9.4%。两年平均亩产203.6千克，比对照增产9.2%，2010年生产试验，平均亩产217.5千克，比对照增产8.9%。

栽培要点

4月初至5月上旬播种，条播为宜，播种深度3～4厘米，每亩播种量0.4～0.5千克，每亩保苗30 000～35 000株。

底肥每亩施磷酸二胺20千克、尿素3～5千克，4～5叶苗期每亩追施尿素3～5千克。

及时间苗、定苗和浇水。

苗期注意防治跳甲和茎象甲，花角期注意防治小菜蛾、蚜虫、角野螟等害虫和菌核病危害。

适宜地区

适宜在青海省、甘肃省、内蒙古自治区、新疆维吾尔自治区的高海拔、高纬度春油菜主产区种植。

23. 青杂 11 号（186）

选育单位

青海省农林科学院春油菜研究所。

品种来源

青海省农林科学院春油菜研究所以波利马细胞质雄性不育系 105A 为母本，恢复系 1186R 为父本杂交组配而成，区试代号 186，2012 年通过国家农作物品种审定委员会审定，定名为青杂 11 号，审定编号为国审油 2012015。

特征特性

甘蓝型春性波里马细胞质雄性不育三系杂交种。全生育期 95～140 天，与对照青杂 2 号相当。幼苗半直立，叶深绿色，裂叶 2～3 对，叶缘波状，蜡粉少，无刺毛。花瓣黄色，花冠椭圆形，花瓣侧叠。平均株高 178.5 厘米，匀生分枝类型，一次有效分枝数 5.19 个，单株有效角果数 206.4 个，每角粒数 26.7 个，千粒重 3.82 克。菌核病田间发病率 15.98%，病指 8.70，低感菌核病，抗倒伏。芥酸含量 0.05%，饼粕硫苷含量 19.51 微摩尔 / 克，含油量 48.97%。

产量表现

2008 年参加国家春油菜晚熟组区域试验，平均亩产油量 140.5 千克，比对照青杂 2 号增产 10.8%，2009 年续试，平均亩产油量 125.6 千克，比青杂 2 号增产 9.0%，两年平均亩产油量 133.1 千克，比对照

增　产9.9%;2009年生产试验,平均亩产油量102.3千克,比青杂2号增产10.1%。

栽培要点

适时早播,青海、甘肃3月下旬至4月中旬播种,内蒙古、新疆4月中旬至5月中旬播种,条播,播种深度3～4厘米,亩播种量0.35～0.5千克。

亩种植密度,青海、甘肃15 000～25 000株,内蒙古、新疆35 000～50 000株。

亩施磷酸二胺20千克、尿素10～13千克。

及时防治跳甲、茎象甲、小菜蛾、角野螟等病虫害。

适宜地区

适宜青海、甘肃低海拔区及内蒙古、新疆春油菜区种植。

24. 互丰3号

选育单位

青海互丰农业科技集团有限公司。

品种来源

以不育系802A为母本,恢22为父本杂交选育而成,原代号杂22。2016年通过国家农作物品种审定委员会审定,定名为互丰3号,审定编号为甘审油2016008。

特征特性

甘蓝型春油菜,生育期119.6天。株高131.9厘米,分枝部位49.5厘米,一次分枝数4.3个,二次分枝数1.6个,主花序长度55.2厘米,单株有效角果数 122.5 个, 角果长度 7.9 厘米, 每角粒数 25.93 粒, 千粒重 3.97 克,单株生产力 11.33 克。含油量为 45.04%，硫甙含量为 7.14 微摩尔／克，芥酸含量为 0%。经田间调查中抗菌核病。

产量表现

在 2012—2014 年甘肃省油菜区试中，平均亩产 222.72 千克，较对照青杂 5 号增产 2.92%；2015 年生产试验平均亩产 222.56 千克，较对照青杂 5 号增产 7.00%。

栽培要点

3 月中下旬至 4 月上旬播种。每亩播种量 0.4 千克左右。种植密度，每亩 24 000～30 000 株。

适宜地区

适宜在甘肃省海拔 2 000～2 500 米春油菜区种植。

25.　沣油 737

选育单位

湖南省作物所。

品种来源

以湘 5A 为母本，6501R 为父本杂交选育而成。2016 年通过国家农作物品种审定委员会审定，定名为沣油 737 号，审定编号为甘审油 2016009。

审定情况

2009 年通过国家长江下游区品种审定；2011 年通过国家长江中游区品种审定。

特征特性

甘蓝型胞质雄性不育三系杂交品种。全生育期为 117 天。幼苗半直立，叶色浓绿，叶缘锯齿状，裂叶 3～4 对，有缺刻，叶面有少量蜡粉，无刺毛；花瓣黄色、覆瓦状重叠排列；籽粒黑色。株高 119.17厘米，一次有效分枝数 4.17 个，二次分枝数 2.23 个，单株有效角果数129.43 个，每角粒数 26.27 粒，千粒重 3.6 克。含粗脂肪 44.52%，硫甙 10.91 微摩尔 / 克，芥酸 0.55%。经田间调查中抗菌核病。

产量表现

2012—2014 年参加甘肃省春油菜品种区域试验，平均亩产 225.81千克，比对照增产 3.99%；2015 年生产试验平均亩产 211.16 千克，比对照青杂 5 号增产 1.52%。

栽培要点

以 4 月上中旬为宜，播种量每亩 500～600 克。亩种植密度 3 万～4万株。

适宜范围

适宜甘肃省春油菜区种植。

26. 国豪油 8 号

选育单位

四川国豪种业股份有限公司。

品种来源

以绵 12MA-2 为母本，绵恢 6R 为父本组配的杂交种，原代号绵杂

07-68。2016 年通过国家农作物品种审定委员会审定，定名为国豪油 8号，审定编号为甘审油 2016010。

其他审定情况

2013 年通过四川省审定。

特征特性

甘蓝型春油菜，生育期为 118 天。苗期半直立，叶片中等绿色，叶缘浅钜齿。茎秆绿色，花瓣黄色，花粉充足。株高 136.93 厘米，分枝部位 59.58 厘米，匀生分枝，一次分枝 4 个，二次分枝数 1个，主花序长 53.53 厘米，全株角果数 92，角粒数 27，千粒重 3.79克。含芥酸 0.23%～2.92%，硫苷 5.14～6.48 微摩尔／克，含油率为44.06%～45.95%。经田间调查对菌核病表现低感。

产量表现

在 2012—2013 年甘肃省春油菜品种区域试验中，平均亩产 203.56千克，比对照青杂 5 号增产 5.12%；2015 年生产试验平均亩产 216.12千克，比对照青杂 5 号增产 3.90%。

栽培要点

适期播种，种植密度每亩 3 万～4 万株。施肥，基肥应每亩施油菜专用复合肥 40～50 千克；追肥，看苗施尿素 5～8 千克。

适宜范围

适宜在甘肃省海拔 2 500 米以下、有灌溉条件的春油菜菌核病轻发区种植。

27. 甘南 6 号

选育单位

甘南藏族自治州农业科学研究所。

品种来源

以甘南 3 号为母本，97Q-4 为父本杂交选育而成，原代号 G04。2016 年通过国家农作物品种审定委员会审定，定名为甘南 6 号，审定编号为甘审油 2016011。

特征特性

白菜型春油菜，生育期为 106～113 天。幼苗半直立，子叶形状心形，无叶柄，叶片有刺毛，无蜡粉，薹茎叶叶柄全抱茎秆，叶缘波状，锯齿，叶色浅绿色，花瓣重叠。株高 107.8～113.6 厘米，总有效分枝数 3.5～4.6 个，单株有效角果数 64.8～127.0 个，每角粒数 17.0～23.3 粒，千粒重 2.8～3.1 克。种子球形，种皮色泽褐色。含粗脂肪 39.95%，芥酸 34.58%，硫甙 34.92 微摩尔／克。经田间调查对菌核病表现低抗。

产量表现

在 2011—2013 年甘南油菜区域试验中，平均亩产 119.0 千克，比对照增产 20.7%；2015 年甘肃省极早熟春油菜生产试验，平均亩产 128.5 千克，比对照增产 13.9 ％。

栽培要点

一般在 4 月上旬播种，亩下籽量 0.75～1 千克，最佳密度亩保苗 6 万～8 万株，最佳成株数 7 万株为宜。合理施肥，氮磷比例为 1：1.1。

适宜地区

适宜在甘肃省甘南藏族自治州海拔 2 600 米以上临潭、卓尼、夏河、碌曲、迭部、合作等地种植。